水产养殖学专业
专业基础课程实验

陈国华　主编

海洋出版社

2013·北京

图书在版编目（CIP）数据

水产养殖学专业专业基础课程实验/陈国华主编 . —北京：海洋出版社，2012.8
（2013.10 重印）

ISBN 978 - 7 - 5027 - 8341 - 9

Ⅰ.①水… Ⅱ.①陈… Ⅲ.①水产养殖 - 实验 - 高等学校 - 教材 Ⅳ.①S96 - 33

中国版本图书馆 CIP 数据核字（2012）第 200344 号

责任编辑：鹿 源 项 翔
责任印制：赵麟苏

海洋出版社 出版发行

http: //www. oceanpress. com. cn

北京市海淀区大慧寺路 8 号 邮编：100081
北京画中画印刷有限公司印刷 新华书店北京发行所经销
2012 年 8 月第 1 版 2013 年 10 月北京第 2 次印刷
开本：787mm×1092mm 1/16 印张：17.5
字数：392 千字 定价：58.00 元
发行部：62132549 邮购部：68038093 总编室：62114335
海洋版图书印、装错误可随时退换

前　言

　　水产养殖学是应用性和实践性很强的专业，要求本专业的学生不仅应具有扎实的理论基础和雄厚的专业基础知识，还应具有创新精神和实践动手能力。海南大学水产养殖学系根据本科专业培养方案，结合热带地区水产养殖的特点，对本专业实验课程进行了调整和优化，旨在科学合理安排各门课程的实验，提高实践教学的效率，培养学生的创新思维和实践能力。海南大学海洋生物国家级实验教学示范中心建设点和海南大学水产养殖学系将水产养殖学专业主要课程的实验内容划分为生物学基础课实验、专业基础课实验和专业课实验三部分。本书为专业基础课实验部分，包括《组织胚胎学》、《水产动物生理学》、《海洋生态学》、《水生生物学》、《鱼类学》、《水产动物营养与饲料》、《水产动物遗传育种学》和《水环境化学》等八门课程的实验教学内容。

　　本书的《组织胚胎学》和《水生生物学》由王嫣编著，《水产动物生理学》由曾嵘编著，《海洋生态学》由骆剑编著，《鱼类学》由陈国华编著，《水产动物营养与饲料》由王红勇编著，《水产动物遗传育种学》由骆剑、尹绍武编著，《水环境化学》由陈雪芬和郭伟良编著。

　　本书编著出版得到了海南大学海洋生物国家级实验教学示范中心建设点、水产养殖学国家级特色专业（TS10477）、海南大学水产养殖省级重点学科和海南省热带水生生物技术重点实验室等机构和建设项目的资助。

　　本书的编著得到了海南大学海洋学院及其他相关部门的大力支持。我们对鼎力支持和资助本书编辑出版的领导和专家表示诚挚的感谢。由于水平和能力有限，编写时间仓促，书中疏漏和不足之处在所难免，敬请读者提出批评指正。

编著者

2012 年 3 月于海口

目　录

《组织胚胎学》实验

《水产动物生理学》实验

《海洋生态学》实验

《水生生物学》实验

《鱼类学》实验

《水产动物营养与饲料》实验

《水产生物遗传育种学》实验

《水环境化学》实验

《组织胚胎学》 实验

实验一 上皮组织的观察

【实验目的】

认识各种上皮组织的形态、结构、游离面的特化，并将其结构与机能联系起来。通过实验，使学生进一步掌握上皮组织结构的理论知识。

【实验原理和基础知识】

上皮组织是衬贴或覆盖在其他组织上的一种重要结构。一侧游离，一侧与皮下结缔组织相联系。因此具有极性。上皮组织由密集的上皮细胞和少量细胞间质构成。结构特点是细胞排列紧密，细胞间质少，一般不具血管。通常具有保护、吸收、分泌、排泄的功能。上皮组织可分成被覆上皮和腺上皮两大类。

【材料与用具】

显微镜；

上皮组织切片：单层扁平上皮、单层立方上皮、单层柱状上皮、假复层柱状纤毛上皮、复层扁平上皮、变移上皮。

【方法与步骤】

一、单层上皮（Simple epithelium）

（1）单层扁平上皮（Simple squamous epithelium）（图1），由扁平多角形的细胞相互连接而成的薄膜状组织，薄而光滑。取单层扁平上皮装片标本，置低倍镜下观察，选较清晰处，再转高倍镜观察，细胞鳞状，边缘波浪形。细胞核扁圆形（图1右图中白色圆圈），在上皮装片制作过程中或脱落。

（2）单层立方上皮（Simple cuboidal epithelium），由短柱形细胞构成，核圆形位于中央。在低倍镜下观察甲状腺切片标本，可见滤泡壁由单层短柱状细胞构成，滤泡中央被染成红色的即分泌物。

（3）单层柱状上皮（Simple columnar epithelium），由高柱状的细胞组成，核卵圆形，位于细胞基部约1/3处。先用低倍镜观察小肠切片找到上皮部分（覆于管腔表面），然后转高倍镜观察，可见单层长柱形上皮细胞，核椭圆形，位于细胞近基部。除此之外，长柱

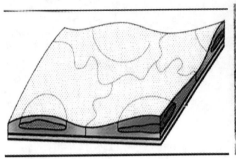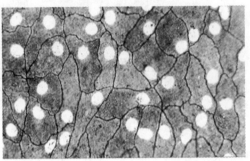

图 1　单层扁平上皮

状细胞间有染色较浅，呈酒杯状的细胞。核三角形，位于细胞基部狭窄部分，细胞顶端，膨大部充满着无色透明的黏液分泌颗粒，即为单细胞腺体——杯状细胞。

（4）假复层柱状纤毛上皮（Pseudostratified ciliated columnar epithelium）。先用低倍镜观察哺乳动物气管切片，找到上皮部位（气管内表面具纤毛的上皮组织），转高倍镜下观察，该上皮实际上只含有 1 层柱状细胞，因细胞排列紧密，其间又夹杂着三角形或菱形的支持细胞，因此看上去细胞核排列参差不齐，但所有细胞的基部均位于基膜上，上皮细胞间夹有杯状细胞。同时注意观察上皮游离面的纤毛特化构造。

二、复层上皮（Stratified epithelium）

（1）复层扁平上皮（Stratified squamous epithelium）（图 2）。先用低倍镜观察小鼠食道切片，找到上皮所在部位（覆于管腔内表面），染色深红色，转高倍镜观察，该上皮的表层细胞为扁平状成多层排列，最下面一层的细胞成短柱状或方形，中间数层细胞呈不规则的多边形，愈靠表层的细胞则愈扁平。皮肤表面的复层扁平上皮表面有角质层（图 2）。复层扁平上皮的基膜常不规则，呈波浪状，或向上皮组织中折入形成真皮乳头。

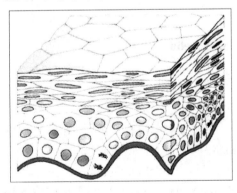

图 2　复层扁平上皮

（2）变移上皮（Transitional epithelium）。先在低倍镜下观察膀胱的切片，然后转高倍镜观察，上皮表层的细胞较大，呈多角形或梨形，有时可见 2 个核。细胞上层的浅部细胞

4

质浓缩呈角化状态，称为壳层，中层细胞不规则，下层细胞接近方形或柱形。

【作业与思考】

（1）绘制单层扁平上皮、单层柱状上皮、假复层柱状纤毛上皮、复层扁平上皮图。

（2）单层扁平上皮根据分布与功能分为哪两类？与其所在部位的功能相适应特点有哪些？

（3）单层柱状上皮根据其所在部位功能的不同表面有哪些特化？各有何功能？

（4）复层扁平上皮主要分布于何处，该上皮有何特点？

（5）假复层柱状纤毛上皮的结构特点是什么？其分布和主要功能怎样？

实验二　结缔组织的观察

【实验目的】

认识各种结缔组织的形态和结构，了解其机能。

【实验原理和基础知识】

结缔组织在动物体内分布最广，种类也最多。结缔组织由大量的细胞间质和散落在其中的细胞构成，结缔组织的细胞间质包括基质、细丝状的纤维和不断循环更新的组织液，具有重要功能意义。细胞散居于细胞间质内，分布无极性。广义的结缔组织包括液状的血液、淋巴，松软的固有结缔组织和较坚固的软骨与骨。结缔组织在体内广泛分布，具有连接、支持、营养、保护等多种功能。

【材料与用具】

显微镜；

切片：疏松结缔组织、脂肪组织、致密结缔组织、软骨组织、骨组织、血液。

【方法与步骤】

（1）疏松结缔组织（Loose connective tissue）（图1）：排列疏松似海绵，含多种细胞与纤维，观察皮下组织可以见到胶原纤维、弹性纤维与基质。胶原纤维被染成浅红色，呈束状，弹性纤维极细、色深、弯曲。基质淡蓝色，无定形。纤维之间可见成纤维细胞，呈多角形或星形，扁平，浅紫红色，核卵圆形，含粒状的染色质。疏松结缔组织中常见细小或形状不规则的毛细血管，中有血细胞。

（2）脂肪组织（Adipose tissue）（图2）。在低倍镜下观察动静脉切片，找到染色浅的脂肪组织。转高倍镜下观察，可见其中密集排列着许多圆形、卵圆形或多角形的脂肪细胞，核长圆形或杆状，位于细胞的边缘细胞膜内侧，结缔组织纤维深入脂肪组织中，对脂肪细胞起到承托作用。因此脂肪细胞间隙中分布有少量的疏松结缔组织。

（3）致密结缔组织（Dense connective tissue）：以纤维成分为主，纤维粗大，排列紧密；细胞主要为成纤维细胞。根据纤维排列是否规则分为规则和不规则的致密结缔组织。取腱切片于低倍镜下观察，可见致密的胶原纤维束状排列（红色）其间夹着成行排列细长的成纤维细胞（腱细胞），核淡蓝色，质淡红色（左图）；皮肤的真皮（右图）胶原纤维

6

束交错排列，不规则（图3）。

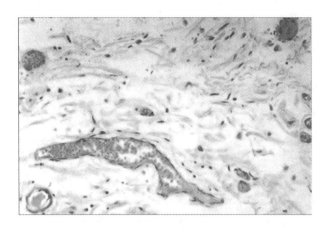

图1　疏松结缔组织

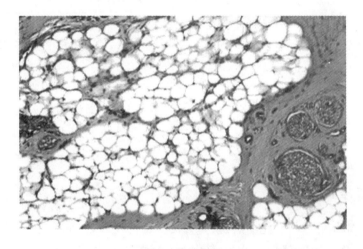

图2　脂肪组织

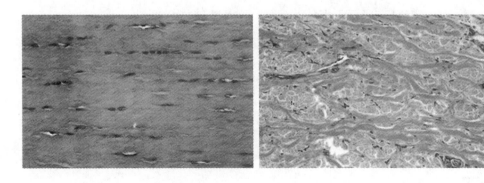

图3　致密结缔组织
左图：成纤维细胞（腱细胞）；右图：皮肤的真皮

（4）软骨组织（Cartilage tissue）：取哺乳动物气管切片，可见规则圆环状的 1 圈透明软骨。低倍镜下，软骨周围有 1 层致密组织构成的软骨膜，在高倍镜下观察，自软骨膜边缘至深部的软骨细胞，靠近软骨膜的细胞较扁，排列整齐，这是比较年幼的细胞，在中央者则单个或成群排列，较不规则，细胞大而圆，单个或成群在散布于软骨基质中特殊的腔隙——软骨陷窝中。

（5）骨组织（Bone tissue）。取骨磨片（横切片）在低倍镜下观察，可见许多骨板或呈数层同心圆状排列着，此为 1 个哈佛氏系统，其中央的空管为哈氏管，其中含血管与神经。

在许多哈佛氏系统之间，有一些不完全的哈氏系统，其中已无哈佛氏管，它是骨组织代谢过程中残存的部分，称为间板。

骨细胞分布于骨板之间的特殊的骨质腔隙陷窝中，周围有许多细丝状突起伸入骨小管中。

取骨磨片（纵切面）在低倍下观察，可见哈氏管的纵剖面，它们互相平行排列，有些地方由与哈氏管垂直的伏克曼氏管相连通呈"H"状，哈氏管之间是同心骨板的纵剖面，在骨板之间，同样可见骨细胞及骨小管。

（6）血液（Blood）：取人血液涂片于高倍镜下观察，可见大量红色的红细胞，圆盘状，无细胞核，中央染色稍浅（中央薄于周缘）。

转低倍镜下寻找白细胞，找到后转高倍镜观察，较常见的为嗜中性粒白细胞，胞质中颗粒细小，量多，紫蓝色，核分许多节段，一般 2 ~ 3 叶，是活动能力最强的白细胞，另外是淋巴细胞，球形，核很大，质少，于核处形成一窄层，核深蓝色，质蓝紫色，其他白细胞不常见。

【作业与思考】

（1）绘制致密结缔组织、脂肪组织、软骨组织图。

（2）疏松结缔组织中有哪些细胞？其中具有吞噬能力的是什么细胞？具有发育潜能的是什么细胞？

（3）软骨组织有哪三类？根据什么划分？软骨以何方式生长？

（4）哺乳动物长骨骨干的骨密质结构怎样？

（5）高等动物血液的成分怎样？

实验三　肌肉组织的观察

【实验目的】

认识 3 种肌肉的形态结构特征，并能分辨其异同。本实验通过观察肌肉组织的切片与装片，进一步巩固学生对肌肉组织理论知识的理解与把握。

【实验原理和基础知识】

肌肉组织是由特殊分化的肌细胞构成的动物的基本组织。肌细胞间有少量结缔组织，并有毛细血管和神经纤维等。肌细胞外形细长，因此又称肌纤维。肌细胞的细胞膜叫做肌膜，其细胞质叫肌浆。肌浆中含有肌丝，它是肌细胞收缩的物质基础。根据肌细胞的形态与分布的不同可将肌肉组织分为 3 类：即骨骼肌、心肌与平滑肌。

【实验用品】

显微镜；
切片与装片：平滑肌、骨骼肌横纵、心肌。

【实验操作】

1. 平滑肌（Smooth muscle）（图 1）

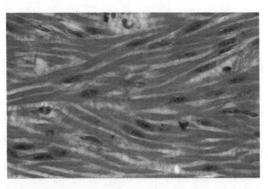

图 1　平滑肌

在低倍镜下观察平滑肌分离装片，找到完整而分离好的肌细胞，转高倍镜下观察，可见平滑肌细胞为细长菱形，中央较宽处有被染成蓝色的椭圆或杆状的细胞核。平滑肌在组织中平行紧密排列成层。

2. 骨骼肌（Skeletal muscle）

取骨骼肌纵、横切片于显微镜下观察，首先在低倍显微镜下辨认哪一块为横切面，哪一块为纵切面，再转高倍镜下观察。

骨骼肌的纵切面标本上，可见肌纤维呈长柱形，彼此近平行排列。核长杆状且数量多，排列于肌纤维边缘，高倍镜下可见肌纤维中有许多肌原纤维平行排列，肌纤维上有明暗相同的条纹。移动载玻片，观察骨骼肌的横切面，在低倍镜下可见许多多角形的肌纤维束横切面。每一肌纤维外的疏松结缔组织叫肌内膜。同时可见肌原纤维与细胞核横切面。

3. 心肌（Cardiac muscle）

取心肌纵切面标本观察，先用低倍镜找到切片薄而清晰的部位，再转高倍镜观察。心肌纤维为分支的圆柱形细胞，细胞核大、椭圆形，位于肌纤维中央，肌纤维也有横纹，但不如骨骼肌明显，其上有许多染色较深，阶梯状的闰盘，即细胞间的界限。

【作业与思考】

（1）绘制平滑肌、骨骼肌纵切面、心肌图。
（2）骨骼肌与心肌在结构与功能上有何异同？请列表说明。
（3）肌肉组织根据结构和功能不同分为哪三类？
（4）说明骨骼肌收缩的基本单位的结构及其明带和暗带的组成。

实验四　神经组织的观察

【实验目的】

认识神经原、神经纤维、神经未销的形态与结构。通过观察神经组织的切片与装片，使学生进一步加深对神经组织理论知识的感性认识和理解。

【实验原理和基础知识】

神经组织是由神经元（即神经细胞）和神经胶质细胞所组成的。神经元是神经组织的主要成分，具有接受刺激和传导兴奋的功能，也是神经活动的基本功能单位。神经胶质细胞在神经组织中起着支持、保护和营养作用。

【材料与用具】

显微镜；

切片与装片：神经原、神经纤维（有髓）、运动终板。

【方法与步骤】

（1）脊髓前角运动神经原（Motor neurons in the anterior horn of spinal – cord）（图1）。将脊髓切片置低倍镜下观察，脊髓近圆形，中央为蝴蝶状的灰质部分，由神经原与神经胶质细胞构成，灰质突起较窄的为后角，较宽的为前角，位于灰质前角内最大的神经细胞是运动神经原，用高倍镜观察，可见它为多极神经原，有许多树突与1条轴突，因突起在离细胞不远处即被切断，因此不易分辨树突与轴突。神经原细胞核大，核仁明显，胞质内有块状的尼氏体（虎斑）和棕黑色的神经原纤维伸入树突或轴突。

（2）有髓神经纤维（Myelinated nerve fibers）。先在低倍镜下找到有髓神经纤维纵切面标本，转高倍镜观察，可见许多粗细不等的神经纤维，每条纤维可以区分出中央蓝紫色的轴索和其外包裹的无色髓鞘，有些地方髓鞘中断，纤维裸露，形成朗飞氏结，在髓鞘的最外层为薄的许旺氏细胞质层（常分辨不出），有时神经膜下可找到许旺氏细胞核。有髓神经纤维横切面可见髓鞘横切面呈白色圆形，中间的轴索呈蓝紫色，有髓神经纤维呈束状密集排列。

（3）运动终板（Motor end plates）。在低倍镜下观察可见平行排列的骨骼肌纤维，同时还可见到成束的黑色神经纤维（运动神经原的轴突，在接近效应器肌肉的时候，失去髓

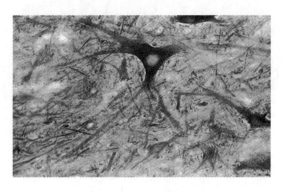

图1　脊髓前角运动神经原

鞘），一再分支，最后分离成单一的神经纤维，伸向肌纤维，神经纤维进入肌膜，分支的末端膨大为扣结状，此即运动终板，是运动神经的轴突在肌肉组织中的末梢装置。

【作业与思考】

（1）绘制骨骼肌、心肌、平滑肌的纵切面图和运动终板图。

（2）神经原的主要特性是什么？它在结构上有何特点？

（3）有髓神经纤维由哪几部分构成？什么是许旺氏细胞与朗飞氏结？

（4）神经突触有哪几种类型？

（5）神经胶质细胞的种类与特点怎样？

实验五　呼吸器官的组织学观察

【实验目的】

了解鱼类主要呼吸器官的位置、形态与结构。观察不同食性的鱼类鳃耙结构的差异。

【实验原理和基础知识】

鱼类的主要呼吸器官是鳃。鳃位于鱼头部两侧鳃盖下方的鳃腔内，咽喉两旁，形似一系列的梳篦状物，称为鳃片或鳃瓣，每一鳃片有无数鳃丝紧密排列，一端固着于鳃弓上，鳃弓的另一侧为鳃耙。鳃丝两侧生有许多突起，称鳃小片，是气体交换的场所。鳃小片富含血管，表皮又非常薄，所以鳃呈鲜红色。低等鱼类的鳃裂直接开口于体外，高等鱼类的鳃裂则被鳃盖掩盖着。

【材料与用具】

显微镜、解剖镜、解剖盘、剪刀、动物镊子、新双面刀片、载玻片、生理盐水、培养皿、解剖针等；

新鲜罗非鱼和带鱼（也可因地制宜，根据实际情况分别选择肉食性和杂食性的其他鱼类）。

【方法与步骤】

（1）鳃片：将新鲜带鱼置解剖盘（图1），于其头部下方用镊子将其鳃盖掀开，可见其中整齐排列数片红色的鳃片（左右鳃盖中鳃片的数目一般相等，均为4片）。观察鳃片于鳃腔中着生的位置，计数一侧鳃片的片数。用剪刀小心剪断鳃片与鳃腔连接处，将鳃片悉数取出。取1片鳃置培养皿中，然后用解剖针翻动鳃片，于解剖镜下观察鳃弓与鳃丝的形态。鳃弓为截面扁平的呈锐角弯钩状的长棒，其锐角外侧附着两列战刀状鳃丝。角内一侧为锐利的齿状突起（鳃耙），观察其形态与数目（图2）。罗非鱼的解剖和观察步骤相同，罗非鱼的鳃弓为截面半圆形的弓形柱状，内侧分布有整齐的鳃耙，弓形外侧固着两列整齐的鳃丝（图3）。

（2）鳃丝与鳃小片：用解剖刀截取一段鳃弓，并用双面刀片从上取下一段鳃丝（有的鱼类在鳃丝内侧，靠鳃弓的2/3长的位置有1条棒状软骨，截取鳃丝前用解剖针划过鳃丝可以感觉到其位置）置载玻片上，滴1滴生理盐水，于显微镜低倍镜下观察，可见鳃丝向上下两侧整齐地伸出片状的突起、多排，此即鳃小片，此处为鳃中进行气体交换的场所。将载片移至解剖镜下，尽可能小地取鳃丝（鳃小片）的片断，侧放于显微镜下观察，有时可见鳃小片中上下两层呼吸上皮（单层扁平上皮）及其间的支持细胞围成的血窦内充满血液。

图1　带鱼鳃腔中的鳃片

图2　带鱼的一片鳃片

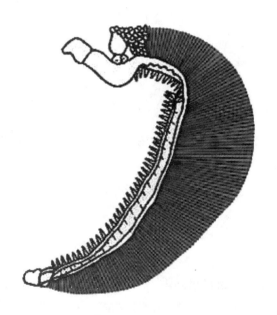
图3　罗非鱼鳃片的结构模式图

（3）鳃弓和鳃耙：带鱼的鳃弓为一截面扁平且呈锐角的棒状。锐角外侧固着两列鳃丝，内侧为尖利的鳃耙，鳃耙由长短两种齿相间排列，每隔几个尖锐的短齿，即有1根锋利的长齿。而罗非鱼的鳃弓为截面半圆形的弓形柱状，内侧的鳃耙大小整齐且硬度较软。罗非鱼为杂食性鱼类，其鳃耙整齐而不锋利。而带鱼为凶猛肉食性鱼类。请注意对比罗非鱼和带鱼的鳃弓形态结构的差异。鳃耙为辅助摄食器官，其结构类型与鱼类的食性密切相关。

【作业与思考】

（1）绘制鳃片的形态图（鳃弓、鳃耙及鳃丝，鳃丝软骨，并示鳃小片位置）。

（2）鱼类的主要呼吸器官是什么？它的主要结构怎样？其中进行气体交换的场所是什么？其结构特点怎样？其特点怎样适应呼吸功能的？

（3）鳃耙的作用是什么？其结构与鱼类的食性有什么关系？

实验六　循环器官的组织学观察

【实验目的】

认识各种动脉、静脉及毛细血管的结构。

【实验原理和基础知识】

循环器官分为心血管系统和淋巴系统两部分。淋巴系统是静脉系统的辅助装置，而一般所说的循环系统指的是心血管系统。心血管系统是由心脏、动脉、毛细血管及静脉组成的一个封闭的运输系统。由心脏不停地跳动、提供动力推动血液在其中循环流动，为机体的各种细胞提供了赖以生存的物质，包括营养物质和氧气，也带走了细胞代谢的产物二氧化碳。

【材料与用具】

显微镜；
切片：毛细血管、动脉与静脉。

【方法与步骤】

动静脉血管常常是伴行的，所以在切片上既可见动脉，又可见静脉。

（1）大动脉（Aorta）（图1）：管腔最大，壁厚，分内、中、外膜3层，内膜最薄，最内层为1层内皮，其外为一薄层致密结缔组织与平滑肌构成的内皮下层，这两层在制片过程中由于血管壁中弹性纤维的收缩而脱落。因此，切片上可见的最内1层，为这两层之外的内弹性膜，其由多层弹性纤维和少量平滑肌构成，在切片上呈波浪状曲折（与其外的中膜界限不十分清楚）。内膜之外为最厚的中膜，由弹性纤维和少量平滑及结缔组织构成，可见大量弹性纤维呈波浪状曲折，分支少，环行排列，夹于其中的多为平滑肌细胞（胞核较清晰）。中膜之外为第二厚的外膜，染色浅，主要为结缔组织构成，其中含有营养血管与神经。

（2）大静脉（Main line）：常与大动脉伴行。管腔较动脉大而不规则，切片上其腔内常存有血液。壁很薄，由3层膜构成，内膜由内皮1层与其下的内皮下层（结缔组织）组成，内皮在切片中有时脱落；中膜较薄，由少量平滑肌与结缔组织组成；外膜特别厚，可达中膜数倍，由纵行平滑肌束及结缔组织构成，其中含有营养血管与神经。

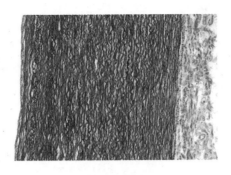

图 1 .大动脉

（3）中动脉（Median arteria）：管腔圆较小，管壁由 3 层膜构成。内膜，最内的 1 层内皮常脱落，内皮之外为致密结缔组织构成的内皮下层（有时亦脱落），其外为弹性纤维构成的窗形膜——内弹性膜，其中弹性纤维波浪状，是中膜与内膜分界标记；内膜之外为中膜，最厚，多层平滑肌环行或螺旋排列，其中有少量弹性纤维、胶原纤维及成纤维细胞；最外 1 层为外膜，较中膜稍薄，疏松结缔组织构成，染色浅。含有纵行的胶原纤维，弹性纤维，平滑肌少量，并有营养血管与神经分布。

（4）中静脉（Median vein）：管腔较大，不规则，腔内常留有血液，管壁由 3 层构成。内膜很薄，由 1 层内皮及内皮下层组成（切片中常脱落）；中膜比中动脉中膜薄，由结缔组织与少量环行平滑肌构成；外膜较中膜厚得多，结缔组织发达，胶原纤维，平滑肌束，纵行，并含血管与神经。

（5）小动脉（Small arteria）（图 2）：腔小、壁薄，内膜只有 1 层内皮，中膜平滑肌层不完整，外膜有薄结缔组织。

（6）小静脉（Small vein）（图 2）：腔较动脉大，壁较薄，腔不规则。壁的 3 层膜不易区分，切片中可见中膜少量的平滑肌细胞及外膜的疏松结缔组织。

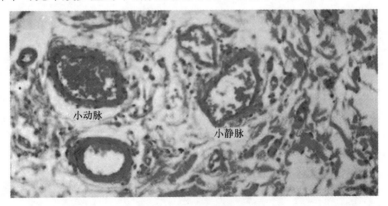

图 2　小动脉和小静脉

（7）毛细血管（Capillary vessel）：管腔极小，壁由几个内皮细胞构成，其外有薄层，结缔组织切片中不易见，在肺、甲状腺、肝等切片中常见。

【作业与思考】

（1）大动脉与中动脉在结构上有何异同？这与它们在功能上的不同有何联系？

（2）动脉与静脉在结构上的主要区别是什么？如何在切片上区分动脉、静脉？

实验七　消化器官的组织学观察

【实验目的】

认识消化管与消化腺的结构。掌握消化管各段结构与功能的关系。

【实验原理和基础知识】

消化器官的基本功能是食物的消化和吸收，供机体所需的物质和能量。食物中的营养物质除维生素、水和无机盐可以被直接吸收利用外，蛋白质、脂肪和糖类等物质均不能被机体直接吸收利用，需在消化管内被分解为结构简单的小分子物质，才能被吸收利用。食物在消化管内被分解成结构简单、可被吸收的小分子物质需经过物理和化学双重作用，即消化管的转运研磨和消化腺体分泌的消化酶的分解作用。因此消化器官分为消化管和消化腺两部分。小分子物质透过消化管黏膜上皮细胞进入血液和淋巴液的过程就是吸收。对于未被吸收的残渣部分，则通过大肠以粪便形式排出体外。

【实验用品】

显微镜；

切片：胃壁切片、小肠切片、肝切片和胰脏切片。

【实验操作】

（1）胃壁横切（图1）：胃壁从内向外分为4层，最内层为黏膜层，黏膜下层，肌肉层和外膜。

胃的黏膜形成许多皱壁。黏膜的表面有许多细小的凹陷称胃小凹，是胃腺的开口。胃黏膜分为3层，由内向外依次为：①上皮与胃腺，胃上皮为单层柱状上皮，呈高柱状，核位于细胞基部，这种细胞延伸至胃小凹为止。小鼠的胃底腺为管状分支腺，腺腔狭窄，整个腺体分成颈部、体部、底部。腺底部是在黏膜层深部，是腺的盲端，体部为腺中段，颈部较短，接近黏膜浅部，并开口于胃小凹。每一胃小凹可分成多个次级小凹，每个次级小凹至少有2个胃腺开口。构成胃腺的细胞有3种（图2）：a. 主细胞（胃酶细胞）数量最多，多分布于腺体底部，细胞柱状，核圆或椭圆形，位于细胞基部，是分泌胃蛋白酶的细胞；b. 壁细胞（盐酸细胞）分布于腺体各部，以腺体上半部为多。细胞大，卵圆形，胞质呈红色，为分泌胃酸的细胞；c. 颈黏液细胞分布于胃腺颈部、细胞呈低柱状或三角形，核扁圆形位于细胞基部，为分泌黏液的细胞。②固有膜由致密结缔组织构成，纤维密，网状，中有毛细血管。③黏膜肌层，为平滑肌薄层，平滑肌有纵行亦有环行。

黏膜层以下的黏膜下层由疏松结缔组织构成，含成纤维细胞，巨噬细胞，脂肪细胞，血管与神经。

黏膜下层以外为肌层，由内环行和外纵行两层平滑肌构成，内层较厚，两层之间有时可见神经细胞。

最外层为浆膜，很薄，由疏松结缔组织与最外面覆盖的 1 层间皮组成。

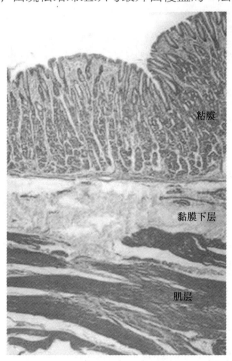

图 1　胃壁横切

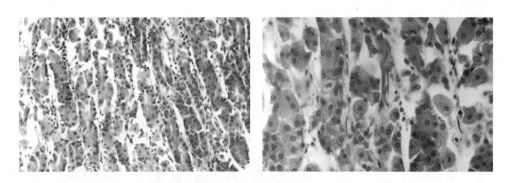

图 2　胃底腺及其放大

（2）小肠壁横切（图 3）：肠壁从内向外同样为黏膜层，黏膜下层，肌肉层和外膜 4 层。

最内层为黏膜。黏膜向肠腔中凸起形成绒毛或皱壁。黏膜由上皮、基膜，固有膜与黏膜肌4层组成。肠黏膜表面衬着单层柱状上皮，由两种细胞构成，其中主要为吸收细胞，吸收细胞高柱状，细胞核靠近细胞基部；此外还有散置于吸收细胞之间的杯状细胞，细胞染色浅。小鼠的小肠上皮向固有膜下陷而成为肠腺——单管状腺，分泌消化酶。上皮细胞基底面为1层基膜。固有膜由致密结缔组织构成，黏膜肌层由薄的平滑肌构成。黏膜下层与胃结构相似，肌肉层与浆膜的结构均与胃壁相似。

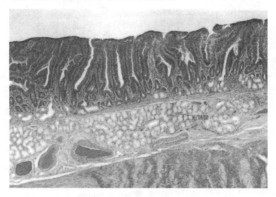

图3　小肠壁横切

（3）肝切片：肝脏结构极为复杂，最外面覆盖着1层浆膜，浆膜深部的结缔组织伸入肝实质内，把肝组织分成许多小叶（图4），肝小叶是肝脏的基本组织结构，呈多角棱柱形，中央有一血管为中央静脉，肝细胞由中央静脉向四周呈放射状排列，称为肝细胞索，肝细胞索分枝互相连接形成网状结构。网眼间隙含窦状隙，即肝静脉窦。肝细胞索由单行细胞构成，在整体上称为肝板，窦状隙位于肝板两面穿过肝板（图5）。

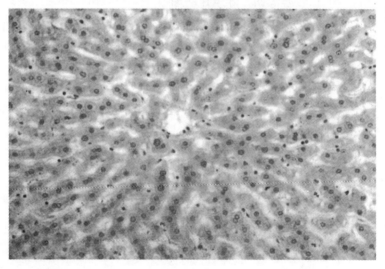

图4　肝小叶

肝细胞是多角形的腺上皮细胞，核圆球形，位于中央，少数肝细胞含2~3个核，2个

21

临近的肝细胞之间的间隙形成胆小管（图6），其沿着肝细胞索向肝小叶四周连成细长的微细管。肝静脉窦形状不规则，窦壁有3种细胞，即扁平内皮细胞，星状枯否氏细胞，脂肪贮藏细胞（不易见）。

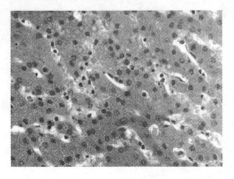 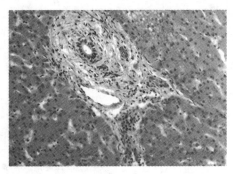

图5　肝静脉窦　　　　　　　　　　　　　　图6　小叶间胆管

（4）胰脏切片：哺乳动物胰腺带状，表面覆以薄层结缔组织被膜，结缔组织伸入腺内，将实质分隔为许多小叶；真骨鱼类胰腺弥散型，没有明显被膜，分散于肠脾周围。腺实质由外分泌部和内分泌部两部分组成。外分泌部为浆液性复管泡状腺。腺细胞呈锥体形，基底面有基膜。圆形胞核位于基底部。基部胞质嗜碱性，顶部胞质充满酶原颗粒。腺泡腔内有一些扁平或立方细胞，称泡心细胞。内分泌部是散在于外分泌部之间的细胞团，称胰岛。胰岛大小不一，由若干型细胞组成，用特殊染色法可显示。

【作业与思考】

（1）绘制胃底腺、小肠壁横切、肝小叶结构图。

（2）消化管由哪几部分构成？其管壁的结构由内向外分为哪几层？据功能的不同，消化管各段在上皮与肌肉方面，有何差异？这与各段的功能有何联系？

（3）肝脏的基本结构与功能怎样？

（4）胰脏的结构和功能怎样？

实验八　内分泌器官的组织学观察

【实验目的】

了解脑垂体、甲状腺、肾上腺等内分泌器官的组织结构及其功能。

【实验原理和基础知识】

内分泌系统由内分泌腺和分布于其他器官的内分泌细胞组成。内分泌细胞的分泌物称激素。大多数内分泌细胞分泌的激素通过血液循环作用于远处的特定细胞，少部分内分泌细胞的分泌物可直接作用于邻近的细胞，称此为旁分泌。激素对整个机体的生长、发育、代谢和生殖起着调节作用。

【实验用品】

显微镜；
组织切片：脑垂体、甲状腺、肾上腺。

【实验操作】

1. 甲状腺（Thyroid gland）（图1）

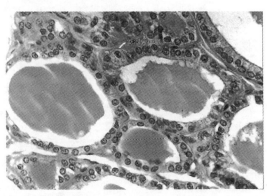

图1　甲状腺

（1）被膜：由薄层结缔组织组成。
（2）滤泡：在甲状腺实质内可见有大小不等，圆形或椭圆形的滤泡。滤泡壁由单层立方上皮围成，滤泡上皮细胞通常为立方形，核圆形，滤泡腔内充满红色胶质。

（3）滤泡旁细胞：在滤泡上皮细胞之间及滤泡之间可见单个存在的滤泡旁细胞，此细胞比滤泡细胞稍大，胞质着色浅。

（4）结缔组织和毛细血管：分布在滤泡之间。

2. 肾上腺（Adrenal gland）

肉眼观察：标本呈三角形或半月形，周围为皮质，中央为髓质。

低倍镜观察：

（1）被膜。由结缔组织组成。

（2）皮质。位于被膜的深层，自外向内依次分为3个带，细胞呈球团状排列，即染色深的球状带；细胞排列呈条索状染色浅的束状带；细胞成索并互相连接成网，染成红色的网状带。

（3）髓质。中央有1条中央静脉。

高倍镜观察：

（1）球状带。此带最薄，由较小的柱状或多边形细胞排列成球团状，胞核小，着色深，略呈嗜碱性。细胞团间有窦状毛细血管和少量结缔组织。

（2）束状带。此带最厚，细胞平行，排成细胞索，细胞较大，呈多边形，胞质染色浅，呈空泡状。细胞索间有丰富的窦状毛细血管和少量结缔组织。

（3）网状带。位于皮质最深层，紧贴髓质，细胞索相互吻合成网，细胞较束状带细胞小，胞核圆，胞质嗜酸性，可见有棕黄色的脂褐素颗粒。

（4）髓质细胞。呈多边形，胞体大，核圆，位于细胞中央，细胞排列成索并连接成网。经铬盐处理的标本，胞质内可见有许多黄褐色的嗜铬颗粒，因此胞质呈棕黄色。髓质中可见数量很少的交感神经节细胞，胞体大而不规则，胞质染色深，核大而圆，染色浅，核仁明显。

3. 脑垂体（Pituitary）（图2）

肉眼观察：在标本一侧染色深的部分是远侧部，另一侧染色浅的部分是神经部，两者之间为中间部，远侧部上方为结节部。

低倍镜观察：外有结缔组织被膜，远侧部细胞密集成团、成索，彼此连接成网，细胞团索之间有丰富的血窦。中间部狭长，可见几个大小不等的滤泡，腔内充满红色胶质。神经部染色最浅，细胞成分少，主要是神经纤维。

高倍镜观察：

（1）远侧部——主要由3种细胞和血窦组成。

① 嗜酸性细胞，数量较多，胞体较大为圆形或多边形，胞质内含有粗大的嗜酸性颗粒，染成红色。细胞界限清楚，核圆形，多偏心位存在。

② 嗜碱性细胞，细胞大小不等，为圆形或多边形，胞质内含有嗜碱性颗粒，染成蓝紫色，细胞界限清楚，核圆形。

③ 嫌色细胞，数量最多，一般常成群存在，细胞较小，胞核圆形，胞质色浅，细胞

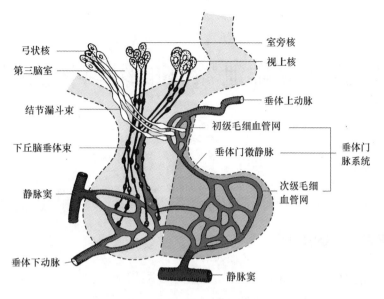

图 2　脑垂体结构示意图

界限不清楚。

（2）中间部。常见有大小不等的滤泡，多由较小的细胞所围成，滤泡腔内含有粉红色的胶质，滤泡间也散在一些嫌色细胞和嗜碱性细胞。

（3）神经部。主要由神经胶质细胞和无髓神经纤维组成。

① 神经纤维，数量多，切断方向不一，为无髓神经纤维，染成粉色。

② 垂体细胞，即神经部的神经胶质细胞，位于神经纤维之间，大小和形态不等，胞质内常含有黄褐色的色素颗粒，核圆形或卵圆形。

③ 赫令体，呈嗜酸性，为大小不等均质状团块。

④ 血管，在薄层结缔组织之间有丰富的窦状毛细血管。

【作业与思考】

（1）作图：甲状腺、肾上腺。

（2）内分泌腺结构上有哪些共同特点？

（3）HE 染色切片中如何区别滤泡上皮细胞与滤泡旁细胞？

实验九 排泄器官的组织学观察

【实验目的】

了解泌尿器官肾脏和膀胱的解剖结构和组织结构，认识肾小球与肾小管的组织结构。

【实验原理和基础知识】

动物的排泄器官是将身体内代谢废物以尿的形式排出体外的器官，包括：泌尿器官肾脏和排尿器官输尿管、膀胱、尿道。在动物系统发育过程中，肾脏的发生经 3 个连续阶段：前肾、中肾、后肾。前肾是脊椎动物最先出现的泌尿机构。胚胎期出现，位于体腔最前端。鱼类成体时残存于围心腔前方，成为淋巴样组织——造血器官。中肾在前肾萎缩后开始发育，为鱼类、两栖类成体具有功能的泌尿器官，块状，位于体腔背壁。后肾是陆生羊膜动物成体的泌尿器官。豆状 1 对，腰部脊椎两侧。后肾的基本结果单位为肾单位，由肾小体与肾小管组成。血液经肾小体中血管球和肾小囊滤过作用形成原尿，除蛋白和血细胞外，成分与血液相同。原尿经肾小管的重吸收作用最终形成尿液而经输尿管排入膀胱，继而经尿道排出体外。

【材料与用具】

显微镜；
组织切片：肾脏的纵切面、膀胱（充盈和排空状态）。

【方法与步骤】

1. 肾切片观察

肉眼观察：此标本为肾脏的纵切面。豆状的内侧凹陷处为肾门，是血管和输尿管的通入口。表层深红色部分是肾皮质，深层色较淡的部分是肾髓质（图1）。

低倍镜观察：

（1）被膜，为包在肾表面的 1 层致密结缔组织薄膜。

（2）皮质，位于肾实质的外周部分，包括皮质迷路和髓放线两种结构。

① 皮质迷路，皮质内的许多圆球形结构为肾小体，在髓放线之间，含有肾小体的部位是肾皮质迷路，在皮质迷路内可见小叶间动、静脉。

② 髓放线，皮质迷路之间的一些纵向直行的肾小管和集合小管构成髓放线。

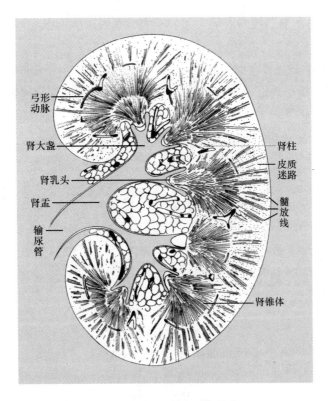

图1 肾脏的纵剖面模式图

（3）髓质，位于肾皮质的深层，主要由纵行的肾小管和集合小管构成。在皮、髓质交界处的较大血管为弓形动、静脉。

高倍镜观察：

（1）肾小体，呈圆球形，数量较多。

① 血管球，位于肾小体中央，镜下可见大量毛细血管切面以及一些蓝色细胞核，但不易区分为哪一种细胞的核。

② 肾小囊，为双层囊，衬在肾小体外周的单层扁平上皮，构成肾小囊壁层；包在血管球毛细血管表面的为肾小囊脏层，因与毛细血管内皮紧密相贴，所以不易分清（图2）。

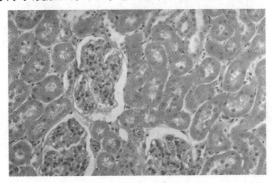

图2 肾小球和肾小囊

③ 肾小囊腔，肾小囊壁层与脏层之间较窄的腔隙为肾小囊腔。

（2）肾小管。

① 近端小管曲部，位于肾小体附近，数目较多，可见各种断面，管腔小而不规则，管壁细胞为锥体形，细胞界限不清，核圆形，位于细胞基部，胞质嗜酸性较强，染成粉红色，细胞游离面的刷状缘由于被破坏，故表面不整齐（图3）。

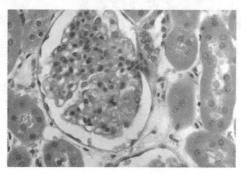

图3　肾小体和致密斑放大

② 远端小管曲部，也位于肾小体附近，但数量较少，管腔大而不规则，管壁较薄，由立方上皮构成，染色淡，细胞界限较清楚，核圆形位于细胞中央。有时在肾小体血管级附近可见远曲小管切面，其靠近血管级侧的上皮细胞排列比较紧密，细胞呈柱状，核呈椭圆形，排列紧密，此即致密斑（图3）。

③ 近端小管直部及远端小管直部，位于髓放线及髓质内，结构分别与近端小管曲部、远端小管曲部相似，只是近端小管直部略矮。

④ 细段（髓袢），位于髓质，管腔较小，由单层扁平上皮构成，含核部位较厚，胞核向管腔内隆起。注意与毛细血管区别，毛细血管腔内多有红细胞，且内皮较细段上皮薄，核扁，染色深（图4）。

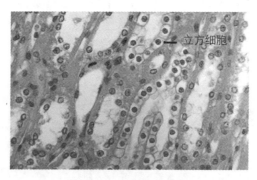

图4　远端小管髓袢和集合管

（3）集合管。

分布于髓放线内或髓质内，管腔较大，管壁由单层立方上皮或单层柱状上皮构成，细胞界限清楚，染色较淡。

28

2. 输尿管（Ureter）（图 5）

低倍镜观察：输尿管很细，管腔呈不规则星形，管壁由内向外分黏膜、肌层及外膜。

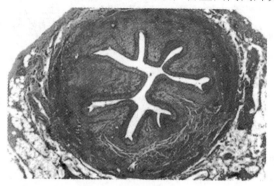

图 5　输尿管

高倍镜观察：

（1）黏膜，位于输尿管内表面，形成许多纵行皱襞突向腔内，由上皮和固有层构成。

① 上皮，为变移上皮。

② 固有层，位于上皮深层，由结缔组织构成，其中有小血管。

（2）肌层，为平滑肌，一般为内环、外纵两层平滑肌。

（3）外膜，由结缔组织构成，为纤维膜，其中含有小血管和小神经束。

3. 膀胱（Urinary bladder）

肉眼观察：标本中凸凹不平面为黏膜面，黏膜突出形成许多皱襞。

低倍镜观察：膀胱壁由内向外分黏膜、肌层和外膜 3 层。

（1）黏膜。

① 上皮，为变移上皮，由多层细胞构成，浅层细胞表面的细胞质染色较深，细胞较大，有的为双核。

② 固有层，为致密结缔组织构成。

（2）肌层，较厚，由 3 层平滑肌构成，各肌层界限不清。

（3）外膜，由结缔组织和间皮构成的浆膜。

【作业与思考】

（1）作图：肾小体、近曲小管、远曲小管、集合管。

（2）脊椎动物系统发育过程中，肾脏的发生经过哪三个连续的阶段？鱼类和人成体具有功能的泌尿器官分别是什么？

（3）肾单位由哪几部分组成，各部分的结构特点和功能怎样？

实验十 对虾的胚胎及胚后发育的观察

【实验目的】

了解对虾胚胎及胚后发育各期的形态特征。通过观察对虾的胚胎及胚后发育各个阶段，掌握对虾的胚胎和胚后发育过程。

【实验原理和基础知识】

中国对虾（*Penaeus orientalis*）胚胎发育分为卵裂期：亲虾刚产出的卵形状不规则，呈多角形，入水变圆，大小 235~275 μm。成熟卵为浅橘黄色，受精后 5 min 出现第一极体，10 min 后产生受精膜，30 min 后出现第二极体，1 h 20 min 左右开始第一次卵裂（水温18℃）。之后经囊胚期、原肠期、胚芽期和膜内无节幼虫期而孵化出膜。对虾胚后发育分为无节幼体 6 期，经 6 次蜕皮后成为溞状幼体，经 3 次蜕皮后，进入糠虾期，再经 3 次蜕皮而变态成为仔虾，上述变态过程共需要经历 12 次蜕皮，历时约 12 d。

【材料与用具】

显微镜、载玻片、吸管、解剖镜；
中国对虾各期胚胎和幼体的浸制标本与整封片。

【方法与步骤】

用吸管分别吸取各个时期的中国对虾胚胎及幼虫的浸制标本置于凹玻片上在显微镜下。并同时观察中国对虾早期胚胎的封片。

（1）卵裂：对虾的卵属均黄卵，受精后先后放出第一和第二极体。之后开始卵裂，行完全均等卵裂。在显微镜下观察其 2、4、8、16 等细胞期，注意分裂球大小是相等的。

（2）囊胚期：受精后 5~6 h，胚体中央出现囊胚腔。

（3）原肠期：64 细胞期植物极细胞向囊胚腔内陷，形成两个胚层，胚孔似三角形。受精后 15~16 h，原肠作用完成，胚孔闭合。

（4）膜内无节幼虫期：受精后 17~18 h，在胚体腹面两侧出现 3 对半圆形的附肢芽，以后第二、三对附肢又分出内肢与外肢，并在其游离端生出刚毛。胚体前端中央腹面出现1 个红色眼点，胚体于腹内转动，即膜内无节幼虫期。21℃下，中国对虾经 24 h 孵化后，膜内无节幼虫破膜而出，进入胚后发育时期。

中国对虾的胚后发育主要分 3 个时期，即无节幼虫期、溞状幼虫期和糠虾幼虫期，此间共需蜕皮 12 次，然后进入与成体相似的仔虾期。至此，胚后发育结束。各期主要特征见表1。

表 1　中国对虾（*Penaeus orientalis*）各期幼虫比较（自楼允东，1996）

发育阶段	形态特征	摄食习性	生活习性	分期	各期主要鉴别特征	至温下所需天数/d
无节幼虫 N (Naupliug)	体略呈卵圆形,不分节,仅具3对附肢。在头部前端腹部正中有一红色的眼点	不摄食,靠体内卵黄为营养	浮游习性,趋光性很强	I	尾棘1对,体后背部正中央有一小棘,附肢末端的长刚毛光滑	0.5
				II	尾棘1对,体后背部正中央的小棘消失,附肢末端的长刚毛变成羽状	0.5
				III	尾棘3对	0.5
				IV	尾棘4对	0.5
				V	尾棘6对	0.5
				VI	尾棘7对	1.5（总计4）
蚤状幼虫 Z (Zoea)	体躯头部宽大,后部细长,构成胸腹部。在头部的背面出现头胸甲和1对复眼。体分7节,具7对附肢	摄食浮游植物。饵料充足时,尾部常拖长长的类便	浮游习性,趋光性仍很强	I	头胸甲不具额角,复眼于头胸甲下面,不能活动	2.5
				II	头胸甲具额角,复眼外露,具眼柄,能自由活动	2.5
				III	出现尾节和尾肢	3（总计8）
糠虾幼虫 M (Mysis)	头部和胸部愈合,构成头胸部。头部与腹部分界明显。腹部的5对附肢先后开始生出,初具虾形	摄食浮游动物	常倒悬于水体的中层	I	步足短小,内肢皆短于外肢,出现钳和爪的构造。游泳足的肢芽出现	3
				II	步足发达,内肢明显增长,第3对的内肢已长于外肢	2
				III	步足更为发达,内肢皆长于外肢,其中以第3对最为突出	2（总计7）
仔虾或幼虫后期 P (Postlarva)	与幼虾相似	摄食浮游生物	底栖生活	14期以上	据尾节的形态构造鉴别各期	每2,3天蜕皮1次（总计43）

【作业与思考】

（1）叙述对虾的胚胎及胚后发育过程，简要说明各时期的主要特点。

（2）作图：4 细胞期，8 细胞期，胚芽期，无节幼虫。

实验十一　贝类的人工授精

【实验目的】

学习判断贝类性腺雌雄以及进行人工授精的基本操作步骤，观察卵细胞受精后各个发育阶段的形态结构。

【实验原理和基础知识】

马氏珠母贝（*Pinctada martensii*）是我国生产海水珍珠的重要经济贝类。雌雄异体同形，有性反转现象。生殖季节雌雄性腺发育，围绕在内脏团外形成黄色到橘黄色的一厚层。雄性先排精，之后雌性排卵。体外受精，体外发育。精子鞭毛形，卵子为均黄卵。精子入卵时，卵子处于卵母细胞第一次成熟分裂中期，因此受精属于中间型 A，受精后放出第一和第二极体。受精卵早期分裂时，每一次分裂之前，原生质流向植物极形成锥形突起，分裂后缩回。该结构称极叶。第一次卵裂时，极叶从植物极伸出，变圆，期间卵子分裂为两个大小相等的分裂球。整个胚胎像 3 细胞的样子，称三叶期。马氏珠母贝的卵裂为完全均等卵裂，具有软体动物典型的螺旋卵裂特征。形成有腔囊胚。经原肠作用发育为膜内担轮幼虫。孵化后经担轮幼虫、面盘幼虫后下沉转入底栖生活。

【材料与用具】

显微镜，小培养皿（$\phi = 5$ cm），开贝钳，解剖器，凹心载玻片，吸管，筛绢（国际标准 3 号与 25 号），烧杯，马氏珠母贝人工授精操作过程录像及胚胎发育录像；

性腺成熟的马氏珠母贝成体，新鲜，过滤消毒海水。

【方法与步骤】

首先观看马氏珠母贝人工授精操作过程录像及胚胎发育录像。按照介绍的步骤进行操作，并注意观察马氏珠母贝受精卵及胚胎发育的各个时期。

（1）选择一定量的性腺成熟的马氏珠母贝（图1），用开贝钳打开贝壳并用解剖针挑取少许性腺涂在玻片上，置显微镜下观察，以分辨雄雌（雌贝卵细胞为卵圆形或梨形，较大；雄贝精子为乳白色细小颗粒）。

（2）将检查性腺的马氏贝按雌雄分开（尽量雌贝多于雄贝），分别解剖后吸取精液和卵液置于装有海水的小烧杯里（通常放精子的小烧杯里海水少于放卵细胞的烧杯里的海

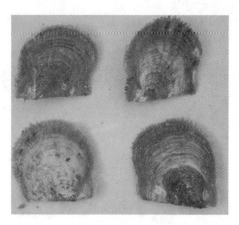

图 1　马氏珠母贝亲贝

水，如精子烧杯为 40 mL，卵细胞为 60 mL）。

（3）根据性腺的发育程度取氨水加入装有 2 000 mL 海水的 5 L 大烧杯中，再将装有卵细胞的海水倒入氨海水中，刺激卵细胞 10～15 min（氨海水比例为 0.06‰～0.3‰，此次氨海水比例为 0.06‰）。

（4）向装有精子的小烧杯加入 1‰的氨海水刺激精子活性，迅速吸取少许镜检精子是否开始活动（若精子活性太低可把氨海水比例提高到 1.2‰。注意不要刺激太久，否则精子会受到很大伤害）。

（5）将激活的精子 10～20 mL 加入盛有卵细胞的大烧杯里搅动混匀受精（精子太多会导致很多精子碰撞同一个卵细胞引起受精卵发育畸形）。精卵混合后 20～40 min 可观察到第一和第二极体排出（图 2）。

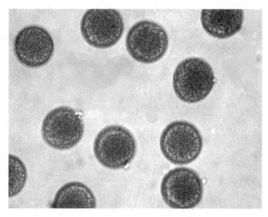

图 2　马氏珠母贝受精卵

（6）静置 30 min 后，受精卵基本沉到大烧杯底，倒去上清液加入原体积 2～3 倍的海水搅动混匀（目的是尽量减少氨水对于受精卵的刺激）。大约受精后 1 h，卵子开始分裂。观察其 2 细胞期，4 细胞期，8 细胞期，16 细胞期（图 3，图 4）。

（7）再次静置 1 h 后重复步骤 6，重新加入海水后静置 8～10 h 等待发育成担轮幼虫

（室温20℃时可能发育较慢，可静置12 h，一般27℃时静置5~6 h，肉眼可以看到柱状的白色絮状物，镜检看到大量活动的担轮幼虫）（图5）。

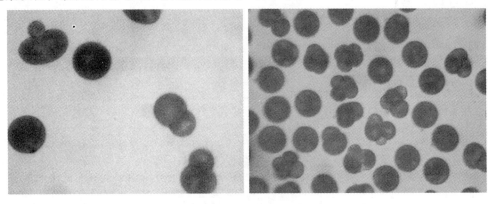

图3　马氏珠母贝的卵裂Ⅰ
左：2细胞期；右：4细胞期

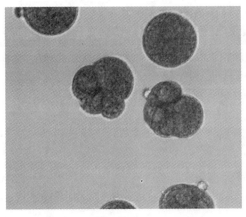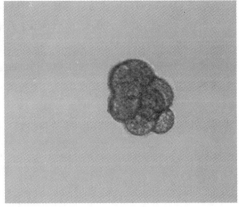

图4　马氏珠母贝的卵裂Ⅱ
左：8细胞期；右：16细胞期

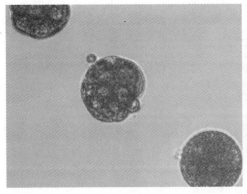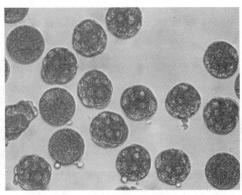

图5　马氏珠母贝桑葚胚（左）和担轮幼虫（右）

（8）继续充气培养 2~4 h，进入面盘幼虫时期。幼虫壳 D 形，面盘上纤毛浓密。

【作业与思考】

（1）绘制三叶期 、4 细胞期图。

（2）记录不同温度下发育时间，并对观察数据进行比较、分析，写成实验报告。

（3）若把实验材料换成贻贝，其人工授精实验应如何做？为什么？

【参考文献】

陈雪芬，尹绍武 黎春红，等 . 2008. 海洋生物综合实验室改革与建设研究 . 实验技术与管理，25：
  152 - 156.

楼允东 . 1996. 组织胚胎学（第 2 版）. 北京：中国农业出版社 .

卢晓晔 . 2005. 运用网络多媒体技术提高组织胚胎学实验教学效果 . 山西医科大学学报（基础医学教育
  版），7：288 - 290.

缪国荣，王承录 . 1990. 海洋经济动植物发生学图集 . 青岛：青岛海洋大学出版社 .

石耀华，顾志峰，王永强，等 . 2009. 水产养殖学专业实践教学与应用型人才培养初探 . 湖南科技学院学
  报，30：77 - 79.

束蕴芳，韩茂森 . 1992. 中国海洋浮游生物图谱 . 北京：海洋出版社 .

张晗，巢国正，滕可导 . 2007. 显微镜下的美丽新世界——动物组织胚胎学实验教带体会 . 科技咨询导报，
  19：4 - 5.

张嫒 . 2009. 动物组织胚胎学实验课的改革和探索 . 理科爱好者（教育教学版），1：9 - 10.

《水产动物生理学》实验

实验一　BL－420生物机能实验系统介绍与使用

【实验目的】

认识BL－420生物机能实验系统并掌握其基本操作方法。

【系统原理及介绍】

一、生物机能实验系统及基本原理

生物机能实验系统已被广泛应用于生理学实验，它是利用计算机技术所开发的生理学实验仪器系统，集生物信号的采集、放大、显示、处理、存储、分析与实验结果打印等功能于一体，而且一机多用，功能强大，操作方便。目前市场上同类产品较多。现介绍的BL－420型生物机能实验系统（包括BL－420、BL－420E＋等，图1），系成都泰盟公司的产品（以下简称BL－420系统），是由BL－420系统硬件和BL－NewCentury生物信号显示与处理软件所构成，另外配上计算机使用。BL－420系统硬件的前面板上具有4个相同的信号输入接口（通道）、1个触发输入接口、1个刺激输出接口、1个记滴输入接口和1个电源指示灯。

BL-420E+实物图

BL-420系统的前面板

BL-420系统的后面板

图1　BL－420E＋实验系统示意图

硬件连接：用USB接口连线将BL－420系统与计算机连接起来，并接好BL－420系统电源线，即完成系统的硬件连接。软件安装：软件环境要求为中文Windows98、Windows2000 或 Windows XP。用安装光盘在计算机上进行 BL – NewCentury 软件安装。USB 接口驱动程序安装：预先将 USB 接口线将 BL – 420 生物机能系统与计算机 USB 接口相连接，并打开 BL – 420 系统的电源；然后用带有 BL – 420 系统设备驱动程序的光盘在计算机上安装 USB 接口驱动程序。

BL – 420 系统的基本原理是：将原始生物机能信号通过传感器（换能器）输入生物机能信号系统，经过放大、滤波、采样并经数字化处理，将信号输入计算机内部，计算机通过生物机能实验系统软件对输入信号进行实时处理，并显示相应机能波形，同时存储这些信号和波形。

二、BL – 420 生物机能实验系统 BL – NewCentury 软件的主界面

BL – NewCentury 软件主界面（图 2）主要由"菜单工具区"、"信号波形显示窗口"、"刺激器调节区"、"分时复用区（参数设置）"、"标尺区"5 个主区所组成，另外还有"时间显示窗口"、"数据滚动条及反演按钮区"、"Mark 标记区"和"特殊实验标记选择区"等工作区。

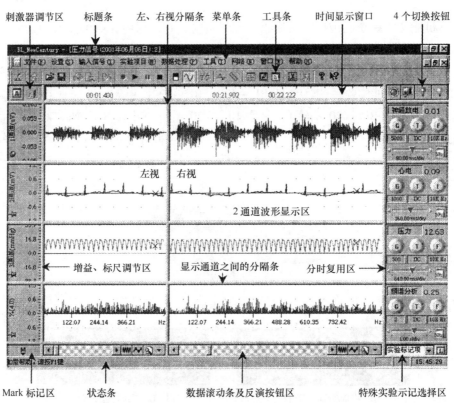

图 2   BL – NewCentury 生物信号显示与处理软件主界面

BL – NewCentury 软件主界面各部分的作用见表 1。

表 1 　BL–NewCentury 软件主界面各部分的名称与功能一览表

名　称	功能简要说明	备　注
刺激器调节区	调节刺激器参数及启动、停止刺激	有左、右两个按钮
标题条	显示 BL–NewCentury 软件的名称以及实验标题等信息	
菜单条	显示所有的顶层菜单项，可选择其中某一菜单项以弹出其子菜单。最底层的菜单项代表 1 条命令	有 9 个顶层菜单项
工具条	一些常用工具命令图形（详细情况，请见下面介绍）	有 21 个工具命令
左、右视分隔条	用于分隔左、右视，也是调节左、右视大小的调节器	左右视面积之和相等
时间显示窗口	显示记录数据的时间	数据记录和反演时显示
4 个切换按钮	用于 4 个分时复用区之间的切换	与分时复用区配合使用
增益、标尺调节区	在实时实验过程中调节硬件增益，在数据反演时调节软件放大倍数；选择标尺单位及调节标尺基线的位置	
波形显示窗口	显示生物信号的原始波形或数据处理后的波形，每一个显示窗口对应 1 个实验采样通道	
显示通道分隔条	分隔不同的通道，也是调节波形显示通道高度的调节器	
分时复用区	包含硬件参数调节区、显示参数调节区以及通用信息区和专用信息区 4 个分时复用区域	参数设置区域
Mark 标记区	用于存放 Mark 标记和选择 Mark 标记	在光标测量时使用
状态条	显示当前系统命令的执行状态或一些提示信息	
数据滚动条及反演按钮区	用于实时实验和反演时快速数据查找和定位，同时调节 4 个通道的扫描速度	实时实验中显示简单刺激器调节参数
特殊实验标记选择区	用于编辑特殊实验标记，选择特殊实验标记，然后将选择的特殊实验标记添加到波形曲线旁边	特殊标记列表和打开特殊标记编辑对话框按钮

三、BL–NewCentury 软件主界面的菜单条

菜单条包括"文件"、"设置"、"输入信号"、"实验项目"、"数据处理"、"工具"、"网络"和"帮助"菜单项。因限于篇幅，加之该软件大部分功能可直接依靠工具条的相应命令即可得以完成（见第四项内容），故这里不专门介绍这些菜单项。至于少数需用的菜单项，初学者可在操作实践中加以学习即可。但有一点需注意的是，深色菜单项或命令表示可在当前状态下使用，而浅色菜单项或命令表示不能在当前状态下使用。

四、工具条上几种常用工具键及其作用的介绍

系统复位（系统恢复键）：该键可使该系统软件恢复到初始状态。

零速采样：点击此键后，扫描速度为零但仍可采集数据。其最新数据显示在波形显示窗口最右边。该键适用于变化非常缓慢的生物信号采样。在该命令下不进行记录、存盘。

反演：用于已存储在计算机内的原始实验数据的反演。

另存为：可将反演的数据另存为其他名字的文件。

打印：用于通道显示波形的打印。选择该命令后弹出"定制打印"对话框。

打印预览：预览要打印的图形。①

打开上次实验设置：重复上次实验的设置。

数据记录：按下此键后系统处于数据记录状态，弹起此键后系统处于非记录状态。

开始实验：启动实验数据采集活动，并将其显示在屏幕上。

暂停实验：暂停显示数据与波形。

停止实验：结束实验。

背景颜色切换：可在白背景与黑背景之间进行切换。

标尺格线：显示或隐藏背景标尺格线。

通用标记：用于添加实验事件标记，如数字编号（带指示箭头）。

图形剪辑键：用于剪辑图形文件。激活方法：单击所选择的图形剪辑页。

数据剪辑键：用于剪辑数据文件。

帮助：按下此键后，鼠标指针变为问号箭头，并指至所需帮助位置，再按下鼠标左键，即弹出相关帮助信息。

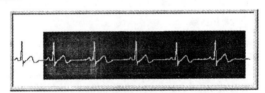

在一个通道显示窗口中进行区域选择

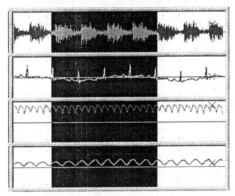

对多个通道显示窗口中相同时间段的区域进行区域选择

图3　1个和多个通道中的波形显示

---

① （1）打印或打印预览时需先激活相应通道窗口，否则命令无效。（2）"定制打印"对话框中的"打印位置"仅在50%打印比例时有效。（3）系统不支持修改默认的颜色，以免打印时导致错误。（4）打印的激活方法：在要打印的数据显示窗口内单击鼠标左键即可，或在"定制打印"对话框中选定"打印通道"（注勾），或从"设置"菜单项中选定"打印通道"。

五、分时显示复用区介绍

主界面右边区域为"分时显示复用区",它包括"控制参数调节区"（调节增益、滤波、扫描速度等）、"显示参数调节区"（调节显示区内信号、背景等颜色）、"通用信息显示区"（显示各种通用测量数据）和"专用信息显示区"（显示专用测量数据）4 个区。顶层 4 个切换键,用于该 4 区间的切换。

六、生物信号波形显示窗口介绍

生物信号波形显示窗口是 BL – NewCentury 软件主界面最重要的组成部分,它具有 4 个显示通道,可以用来观察生物信号波形及处理后的结果波形。图 4 是 1 个通道的波形显示窗口。

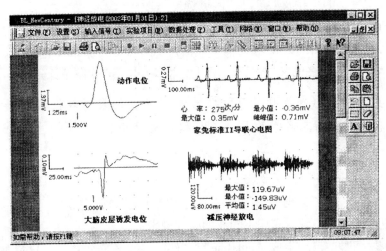

图 4 BL – NewCentury 软件中的图形剪辑窗口

在波形显示窗口内可进行"区域选择"操作。当某个区域被选择后,该区域的底色以反色显示,同时软件内部自动对该区域进行参数测量与图形复制（自动复制到"剪辑板"以供粘贴）。

在主界面下方,滚动条右端有 3 个按钮,分别是"波形压缩"、"波形展开"和"波形查找"。前两个按钮可压缩和展开波形,而后 1 个按钮含 1 个下拉菜单,可用于查找波形。

七、刺激器的使用

刺激器调节区在主界面中的时间标记窗口左侧、标尺调节区上方。它有两个键,左键为"刺激器调节键",右键为"启动刺激键"。当按下刺激器调节键（左键）后将弹出"设置刺激器参数"对话框。可根据实验所需刺激参数对该对话框进行设置,如单刺激、连续刺激以及波宽、刺激强度、刺激频率等。上下排列的 1 对箭头为参数粗调,左右排列的 1 对箭头为参数微调。当参数设定好后，如为单刺激，则按"启动刺激键"（右键）1次，即发出 1 次电刺激；如为复刺激（连续刺激），则按下该键时复刺激开始，再次按该键则弹起且复刺激停止。另外还可对刺激进行程控设置。

八、数据提取

数据提取是指从记录的原始实验数据提取需要处理的部分存储或插入到 Word 文档或 Excel 表格中。共有 4 种提取方式：数据导出、数据剪辑、图形剪辑、区间测量数据结果导出。

1. 数据导出步骤（只能在数据反演阶段使用）

（1）在反演数据中查找拟导出的实验波形；

（2）将需要导出的实验波形进行"区域选择"；

（3）在所选择的区域内单击鼠标右键弹出通道显示窗口显示快捷菜单，然后选择数据导出命令即完成。所导出的数据以文本文件的形式以 \ BL – NewCentury \ data 子目录下 data1. txt，data2. txt 等命名的文件保存；还可读入 Excel、SPSS 作统计分析。

2. 数据剪辑步骤（将选择的反演实验波形的原始采样数据按 BL – 420 的数据格式提取出来，存入指定名字的 BL – 420 格式文件中）

（1）在反演数据中查找需要剪辑的实验波形；

（2）对该实验波形进行区域选择；

（3）点击工具条的"数据剪辑"键（或利用快捷菜单），完成数据剪辑；

（4）重复以上 3 个步骤，完成不同波形段的剪辑；

（5）停止反演时，自动生成"cut. tme"文件，可将该文件更名。以后按打开反演数据文件的方法打开该文件。

数据剪辑文件存储在 \ BL – NewCentury \ data \ 子目录下，文件扩展名为 tme。

3. 图形剪辑步骤（从通道显示窗口选择波形以图形方式发送到剪辑板，以备粘贴或拼图用）

（1）在实时实验或数据反演时，按"暂停"，再点击工具条中的"图形剪辑"键；

（2）对需要处理的波形段进行区域选择；

（3）此时图形剪辑窗口出现，选择的波形段以图形方式自动粘贴在该窗口内；

（4）从图形剪辑窗口右边的工具条上的"退出"键，退出图形剪辑窗口；

（5）可通过重复上述步骤来剪辑其他图形，拼成一幅图形，并存盘或打印，或复制到 Word 文件或 Excel 文件中去。

4. 区间测量数据结果的导出

当一次实验中使用区间测量进行数据测量时，区间测量的结果将以 Excel 文件自动存储到当前目录的 data 子目录下。4 个通道的测量数据分别以 result1. xls、result2. xls、result3. xls、result4. xls 文件形式存储。同时，这些数据存储为同名的 Windows 文本文件（txt 文件），这样就可被读入 Excel、Word 等文件。

【实验操作】

（1）开机前准备及打开电脑：开机前，连接好各接口连线、实验连线、电源线，并安装好实验标本等，然后打开电脑。

（2）启动机能系统软件：在电脑桌面上双击"BL－420 生物机能实验系统"图标，进入 BL－NewCentury 软件的主界面。

（3）开始实验：点击"实验项目"，在下拉菜单中选择所要进行的实验项目，即刻启动该实验。如遇"实验项目"内未列出的实验时，可从菜单"输入信号"中选择相应通道和输入信号类型等。如需多通道输入，则重复以上步骤即可。然后点击"开始实验"键即可进行实验。在实验过程中，需要保存所设置的参数时，选择"文件"、"保存配置"，然后在"另存为"对话框中输入所配置的文件名即可。如下次使用它时只要点击"文件"、"打开配置"即可实验。

实验中，若需进行电刺激时，可在主界面的右上角的刺激器调节区设置各种刺激参数。

实验中，可通过双击某通道的方式实现全屏方式和普通显示方式间的转换，还可通过拖动各通道间的分隔条任意调整通道大小。

（4）实验数据记录存盘：系统默认记录存盘状态。但如实验波形不理想时，为减少文件量，可点击数据记录按钮使之弹起，使其不记录存盘。当调节好实验参数而且波形理想时，再点击工具条上的记录按钮可对实验波形进行记录存盘。

（5）实验参数调节：根据所观察的信号状态，可再次在"刺激器调节区"内调节刺激参数。还可在"分时复用区"（参数设置面板）内调节增益、时间常数、扫描速度等。

（6）实验事件标记：点击"通用标记键"和操作"特殊实验标记选择区"，可在实验图形上对实验事件（如加药、加温、电刺激等）加以标记，以备分析实验结果。

（7）反演：在实验过程中如需观察已记录存盘的波形时，拖动左、右视分隔条，打开左视，再拖动左视下部滚动条寻找要观察的波形。此时右视所显示的实验仍在实时记录存盘，而左视为已记录存盘的波形（反演的内容），可对它们进行比较观察。反演已存储的实验数据时，点击工具条的反演键，在弹出的"打开"对话框中选择所要反演的文件，然后按"确定"即可。

（8）显示测量数据结果：在实验中需观察生物信号测量数据时，用鼠标单击"分时复用区"内的通用数据显示按钮或专用数据显示按钮即可显示。

（9）结束实验：当要结束实验时，点击停止按钮，此时可弹出另存为对话框，实验者可对刚进行完的实验数据输入文件名，否则计算机自动将其命名为"temp. dat"，并覆盖前次同名数据。按确定键结束实验。如需打印实验人姓名、实验组号，可选择"设置"、"实验人员"，在弹出的对话框中填入相关信息，按确定键即可。

（10）数据剪辑与图形剪辑：对数据和图形进行剪辑处理。具体方法需见下面"数据提取"介绍的内容。

（11）打印实验数据及图形。先在数据显示窗口内单击鼠标左键激活通道窗口，然后点击"打印"，在弹出的"定制打印"对话框中设定打印通道、打印比例、打印位置等参数，最好点击"打印"即可。

（12）关闭软件并关电脑。

【注意事项】

（1）上述步骤的顺序并非定式，可根据具体情况调整。

（2）切忌在开机状态下插入或拔出计算机各插口连线。

（3）切忌任何液体滴入计算机和 BL-420 生物机能实验系统等设备内。

（4）未经实验老师许可严禁自带优盘等各种信息存储器上机做任何操作。

（5）系统需要进行专门的调零定标，否则系统不能正常运行，故禁止学生进行此类操作。

实验二 蛙坐骨神经－腓肠肌标本的制备

【实验目的】

掌握蛙坐骨神经－腓肠肌标本的制备方法，并锻炼实验手术能力。

【实验原理】

离体蛙坐骨神经－腓肠肌标本的生理活动能反映脊椎动物神经肌肉的一般规律。该标本特点是易于制备，且能在较低实验条件下存活较长时间，其机能活动也易被观察与记录，所以在生理实验中普遍用它来研究组织的兴奋性、兴奋过程、刺激与收缩的关系以及肌肉收缩特点等。坐骨神经－腓肠肌标本制备也是动物生理学中的一项最基本的操作技术。

【材料与用具】

蛙（或蟾蜍）1 只/人；蛙手术器械 1 套（蛙探针 1 根，家用大剪刀 1 把，直头虹膜剪 1 把，敷料镊 1 把，直头眼科镊 1 把，弯头眼科镊 1 把，玻璃分离针 2 根），木蛙板 1 块，玻璃板 1 块/人；培养皿 1 套，烧杯 1 个，皮头滴管 1 支，棉线约 2 m，小钉锤 1 把，蛙钉（或大头针）若干，任氏液 100 mL，纱布 4 块/2 人；生理实验多用仪 2 台或锌铜弓 2 个（检验标本用）；刺激电极 2 根，地线若干（接地线用），抹布 2 块（清洁用）/桌。

【方法与步骤】

（1）毁脑、脊髓：左手持蛙（大拇指与中指、无名指和小指相对握住蛙身和下肢，食指压住蛙头），用蛙探针垂直刺入枕骨大孔（头背部弯曲处的中央凹陷），再用探针向前毁脑，向后毁坏脊髓，直至蛙出现两后肢伸直、排尿，随后瘫软不动为止。

（2）剥离蛙皮和清除内脏：左手大拇指与无名指、中指相对捏住蛙的脊柱，右手用大剪刀紧靠前肢下方从蛙的侧面剪断脊柱，然后，左手捏住脊柱下段（不能捏压脊柱下部两侧白色神经，因其中含坐骨神经），使蛙头、腹肌以及内脏自然下垂，用手术剪刀顺势沿着背侧缘剪开腹肌，右手掀开背部的皮肤，并捏紧皮肤顺势往下拽，直至剥掉两后肢的皮肤为止。再剪掉垂连着的内脏、皮肤等。将剥出来的蛙体置于任氏液中浸润；洗净双手所沾的黏液及污物，然后取出蛙体并置于干净的玻璃板上，观察脊柱两侧白色的坐骨神经。

（3）剪分蛙体：先用大剪刀在蛙背面由下往上剪掉带皮肤的尾杆骨，然后从腹面沿脊

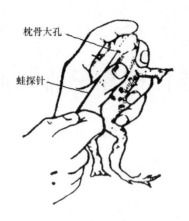

枕骨大孔

蛙探针

图 1　用蛙探针毁脑及脊髓

（解景田和谢申玲，1987）

柱中线剪开脊柱；接着，将蛙体背位置于玻璃板上；顺着剪脊柱的方向，用大剪刀的剪尖置于蛙体正中央的部位，垂直地向下剪开耻骨联合，使蛙体分成左右两部，并将其置于任氏液内备用。

（4）分离坐骨神经并整理标本：取出蛙一条后肢，将其背位置于木蛙板上，用蛙钉（或大头针）先将脊柱固定在木蛙板上，然后用手捏住足趾向外侧翻转使后肢背侧朝上，此时用蛙钉将足端固定，接着将已被剪开的耻骨也向外翻转并用蛙钉外侧固定（这样可使隐藏着的坐骨神经处于直线状态，且其上方没有骨头阻碍，便于分离坐骨神经）。用玻璃分离针在脊柱一侧分离坐骨神经下面的结缔组织，并用小剪刀小心地剪断周围的神经小分支。在大腿背侧，用两把镊子分别相对夹住半膜肌和股二头肌（图 3）并将其拉分开，此时即可初现出藏于半膜肌和股二头肌之间的肌沟内的白色坐骨神经。接着，用玻璃分离针分离该神经，并用虹膜剪剪断它周围的神经小分支和结缔组织连接物等。按照这种方法，将坐骨神经向上分离到脊柱处的坐骨神经基部，向下分离到膝关节处。这时，用大剪刀在脊柱下方剪断蛙肢体，并在股骨的上 2/3 处剪断股骨，剪去保留的股骨周围多余的大腿肌肉并弃之。

（5）分离腓肠肌并整理标本：在腓肠肌和小腿骨之间，用玻璃分离针穿入并上下拨动一下，然后穿线结扎住跟腱。也可用虹膜剪适当地剪分一下跟腱两侧的结缔组织膜，便于在跟腱处扎线。在跟腱处扎线的下方，用手术剪剪断跟腱。最后，用大剪刀贴近膝关节剪断小腿骨并弃之。

（6）标本的处理与检验：制备好的坐骨神经－腓肠肌标本包括完整的坐骨神经、腓肠肌、大腿骨、脊柱块和扎好的线。将坐骨神经－腓肠肌标本置于盛有任氏液的培养皿中备用。检验时，可将坐骨神经－腓肠肌放置在蛙板上，用 JJC－3B 型生理实验多用仪（或锌铜弓）进行刺激检验。当刺激坐骨神经，腓肠肌立即产生明显的收缩反应时，说明坐骨神经－腓肠肌标本制备成功，可供实验使用。

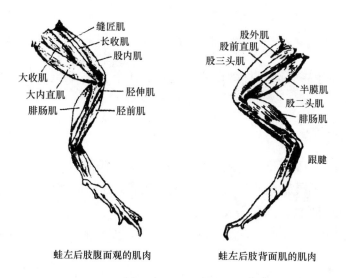

蛙左后肢腹面观的肌肉　　　　　蛙左后肢背面肌的肌肉

图2　蛙左后肢肌肉示意
（解景田和谢申玲，1987）

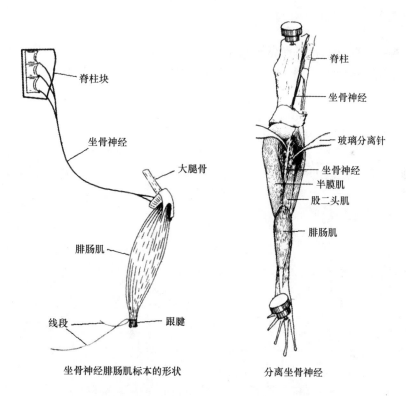

坐骨神经腓肠肌标本的形状　　　　分离坐骨神经

图3　坐骨神经－腓肠肌标本制备示意图
［引自解景田和谢申玲（1987），有所改动］

【注意事项】

（1）在坐骨神经－腓肠肌标本制备过程中，不能挤压牵拉或以任何方式损伤坐骨神经。

（2）在坐骨神经－腓肠肌标本制备过程中，应该随时滴加任氏液，以免神经和肌肉失水干燥而丧失正常机能。

（3）在标本剥去皮肤后，应暂时将去皮标本浸在任氏液中，待洗净手上和器具上的血液、蛙皮肤分泌液并擦干后用它进行下一步实验内容。这些血液、皮肤分泌液等污物对神经和肌肉有很大的刺激性，因而需要避免。

（4）不能用自来水、蒸馏水冲洗已去皮的蛙体，更不能冲洗制备好的坐骨神经－腓肠肌标本。

（5）各实验室有关坐骨神经－腓肠肌标本的制备方法有所不同，但其基本要求与目的相同。

【思考题】

在坐骨神经－腓肠肌标本制备过程中，你认为应注意哪些问题？为什么？制备的要点是什么？一个制备成功的坐骨神经－腓肠肌标本应包括哪几个部分？如何检验标本是否可用？

实验三　蛙坐骨神经干动作电位的测定

【实验目的】

掌握神经干动作电位的测定原理与方法，并观察和认识动作电位基本波形。

【实验原理】

当神经纤维膜受到电的阈上刺激后便发生兴奋，在兴奋点与相邻未兴奋点之间形成局部电流，并因此在膜上产生可传布的动作电位，而神经纤维的动作电位具有全或无特征。而另一方面，坐骨神经干内包含大量神经纤维，且不同纤维的阈电位水平各不相同。在神经干上所记录的动作电位是该神经干中所有产生兴奋的神经纤维的复合动作电位。当刺激强度较小时，神经干中发生兴奋的纤维数量较少，故其动作电位幅度较小。但随着刺激强度增大，神经干中发生兴奋的纤维数相应增加，神经干动作电位幅度也随之增大。当刺激强度达到一定高度时，神经干内的全部纤维都产生动作电位，此时动作电位幅度也就达到最大值。因此神经干动作电位的幅度在一定范围内能随着刺激强度加大而增大，即不具有全或无特征。

【材料与用具】

青蛙或蟾蜍；BL – 420 生物机能实验系统、神经标本屏蔽盒、手术器械、任氏液等。

【方法与步骤】

（1）安装并调试好仪器设备，待用。

（2）按实验二（蛙坐骨神经 – 腓肠肌标本的制备，后同）第（1）～（3）步骤制备2个蛙后肢标本。2个标本均置于盛有任氏液的培养皿中浸润片刻（可使神经干兴奋性恢复与稳定）。其中将1个标本用于剥制坐骨神经，而另1个备用。

（3）将一后肢标本伸直置于木蛙板上，按照实验二第（4）步的方法用3根大头针将其固定。在脊柱末端用细线结扎坐骨神经的始发端（末端几根脊神经），并预留适当长的线头供以后搬运神经时夹持用。再继续按照实验二第（4）步中分离坐骨神经的方法，将坐骨神经分离至膝关节下并露出胫神经、腓神经。接着，剪断其中任一支，继续分离所留下的一支直至足趾（尽可能将坐骨神经分离长些）。移出分离好的坐骨神经标本，并将其置于任氏液中浸润。

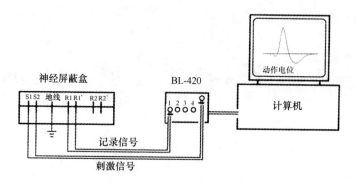

图 1　神经干动作电位实验连线示意图

S1 和 S2 为 1 对刺激电极，R1 和 R1′为第 1 对记录电极，1、2、3 和 4 为 4 个通道。

（4）此时，用带有任氏液的棉球擦拭神经标本屏蔽盒内的所有电极。

（5）将制备好的神经标本搭放在神经标本屏蔽盒的所有的电极上，并检查实验连线。

（6）打开 BL－420 系统电源开关，并用鼠标双击电脑桌面上的 BL－420 系统软件图标，选择"实验项目"、"神经肌肉生理实验"、"神经干动作电位"（或选择"输入信号"、"第一通道"、"动作电位"），系统即进入实验信号记录状态。

（7）设定好刺激参数后［参见注意事项（1）］，点击"启动刺激"键，即可显示动作电位波形。观察双相动作电位的波形。如图形幅度或宽窄度不理想时，可适当调整增益、扫描速度等。

（8）由低到高地逐步改变电刺激强度，寻找阈刺激和最大刺激，并观察神经干动作电位的幅度变化。

（9）在两个记录电极之间用镊子夹捏神经干，观察神经干动作电位有何变化。

（10）标记实验事件和实验参数。

（11）输入实验人员及时间等信息。

（12）打印实验图形（这是原始实验图形，需将其贴于实验报告纸上）。

【注意事项】

（1）供参考的仪器参数：时间常数 0.02～0.002 s，滤波频率 1 kHz，扫描速度 0.5 ms，单刺激模式，刺激幅度 0.1～3 v，刺激波宽 0.1 ms，延时 5 ms。不选"程控"时，每次刺激前都需设定所需的刺激强度；如选择"程控"时，由 BL－420 系统自动控制刺激强度变化。

（2）无论在制备标本过程中还是在实验过程的间歇时间里都需经常对标本滴加任氏液，以保持标本湿润，维持标本的正常兴奋性。但正在实验记录时，不宜滴加任氏液。

（3）分离神经干时不能损伤坐骨神经的主干。需用光滑圆头的玻璃分离针分离神经，而且玻璃分离针需经常浸蘸任氏液。不可用已断头的玻璃分离针，也不可用剪刀或镊子直接分离神经主干。

（4）如发现动作电位图形倒置，可交换引导电极（即记录电极）位置。

【思考题】

（1）神经纤维动作电位形成的机理是什么？

（2）为什么可以记录到单相动作电位和双相动作电位？

（3）神经干动作电位的幅度为什么会随着刺激强度增大而变化？如何理解这种变化与神经纤维动作电位的全或无现象之间的关系？

（4）为什么要在神经干上经常滴加任氏液？

实验四 蛙骨骼肌收缩的实验

【实验目的】

观察刺激频率与收缩波形的关系。

【实验原理】

用电刺激对蛙坐骨－神经腓肠肌标本的坐骨神经进行一次阈上刺激，腓肠肌则收缩一次，其收缩运动可带动换能器的应变片，而换能器把机械能转换成电能，并输入到 BL－420 系统中转化成数字信号，在电脑上显示收缩曲线。当施以复刺激时，若每次刺激间隔时间长于每次收缩的时间，则可获得一连串单个的单收缩曲线；若总是后一次刺激落在前一次收缩的舒张期内，便得到不完全强直收缩曲线；而当后一次刺激落在前一次收缩的缩短期内，便得到完全强直收缩曲线。在实验中，可通过改变刺激频率来获得以上这几种收缩曲线。

【材料与用具】

蛙（或蟾蜍）1 只，蛙手术器械 1 套，蛙板 1 块，玻璃板 1 块，培养皿 1 个，烧杯 1 个，皮头滴管 1 支，棉线 1 m 左右，任氏液 50 mL 左右，BL－420 生物机能系统，计算机 1 台，肌张力换能器 1 个，地线若干米，蛙肌槽 1 个，滴定支架 1 个，双凹夹 2 个，纱布 1 块，抹布 2 人 1 块或每小组 1 块。

【方法与步骤】

（1）按照实验二的方法与步骤，制备 2 个坐骨神经－腓肠肌标本（其中 1 个为备用标本）。

（2）按图 1 方式，连接仪器各种指定的连线，接好地线。

（3）按图 1 将坐骨神经－腓肠肌标本安装在蛙肌槽上。

（4）打开 BL－420 系统并设置参数

打开电脑并点击 BL－420 系统图标，选择实验项目"刺激频率与反应的关系"，调节刺激的延时、波宽至最小，放大倍数设为 10～20 倍，滤波频率为 100 Hz；用"频率递增"刺激模式，阈上刺激，扫描速度 500 ms/div，调节增益至适当大小（参考：将单收缩幅度大小调节为 3～5 mm；需为强直收缩曲线的上升留有余地）。

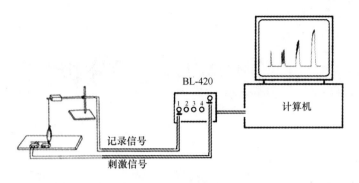

BL-420

计算机

记录信号

刺激信号

图 1　肌肉收缩实验图示

（5）实验：观察并记录肌肉收缩曲线的变化。

【注意事项】

（1）实验二注意事项适用于本实验。

（2）肌腱与换能器应变片之间的连线松紧要适中，这样可使应变片对肌肉微小收缩活动灵敏地做出位移响应。

（3）应将标本的大腿骨松紧适中地固定在蛙肌槽的锁骨孔中，以免大腿骨脱落出来或拧碎大腿骨。

（4）在实验的间歇期间应经常滴加任氏液，以防止标本干燥。

（5）应安装地线，以免产生电干扰。

【思考题】

（1）根据教材相关内容对一个单收缩进行理论分析（提醒：下题与此相关）。

（2）说明在复刺激时随着刺激频率由慢到快产生连续的单收缩、不完全强直收缩和完全强直收缩的原因。

实验五　反射弧分析

【实验目的】

理解反射弧5个组成部分各自的生理作用及其结构完整性和机能完整性的生理学意义。

【实验原理】

在中枢神经系统的参与下机体对体内外刺激所产生的具有适应意义的反应过程称为反射。反射是神经调节的基本方式。反射活动的基础是反射弧。反射弧分析包括感受器、传入神经、神经中枢、传出神经和效应器5个部分。反射的形成有赖于反射弧的结构完整性和机能完整性，反射弧的任何一个部分有缺损都将使反射不能实现。脊髓是中枢神经系统的低级部位，机能简单便于观察，故用脊蛙进行反射弧分析。

【材料与用具】

0.5%以及1%硫酸各50 mL/全班；蛙（或蟾蜍）1只。蛙手术器械1套，滴定支架1个，粗玻璃棒1根，小培养皿两套，大烧杯1个，1 cm见方的小滤纸片若干，纱布1块，棉线0.5 m长，大头针2个，皮头滴管1支，生理实验多用仪1台，刺激电极1支/组。

【方法与步骤】

（1）制备脊蛙（或脊蟾蜍）。用大剪刀从口后缘侧向插入口腔剪掉头部（或用探针从枕骨大孔处插入并向前毁坏脑组织），即制备成脊蛙。

（2）用大头针弯曲成的小钩钩挂住脊蛙的下颌，然后将其挂于固定在滴定支架的玻璃棒上。

（3）观察正常的屈反射活动：用培养皿中的0.5%硫酸浸沾蛙左后肢中趾趾端，即可见到左后肢的屈腿反射等。当反射出现后，立即用烧杯中的清水浸洗，洗掉硫酸刺激，并用纱布揩干。

（4）观察正常的踢纸反射（抓反射）：将浸过1%硫酸的滤纸片贴在蛙背部下方的右侧的皮肤上，即可见到蛙的右后肢迅速而准确地踢掉滤纸。当反射出现后，应立即用烧杯中的清水浸洗，洗掉硫酸刺激，并用纱布揩干。

（5）用剪刀在左后肢踝关节上方将皮肤作一环行切口，然后剥去切口以下的皮肤，并注意除净间的皮肤。接着按第（3）项内容进行实验。

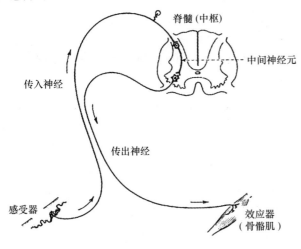

图1　反射弧结构

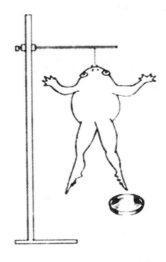

图2　反射弧分析实验示意

（6）在右后肢大腿部的背侧，沿坐骨神经行走的方向将皮肤作一纵行切口，将坐骨神经（此神经包括传入和传出神经纤维）分离出来，并在该神经下面穿两条棉线，以便可以将神经提起。此时，按第（3）项内容的方法来刺激右后肢中趾趾端。接着，将蘸有1%普鲁卡因的小棉球置于坐骨神经的下方，约经半分钟后，在以同样的方法进行刺激实验。若仍然有屈反射出现，则应每隔5 s刺激1次，直至不出现屈反射为止。

（7）这时，立即按第4项抓反射的实验内容来进行，若有抓反射出现，则应每隔5 s刺激1次，直至不出现抓反射为止。但清洗时，应将蛙体横置，用皮头滴管吸清水冲洗硫酸刺激部位，这样清洗的目的是可以避免蛙手术创口进水。清洗完后用纱布轻轻揩干。

（8）用两线双结扎右后肢的坐骨神经，并在两接头之间剪断坐骨神经。

（9）用阈强度以上的电刺激分别刺激坐骨神经的向中端和离中端，观察有何反应。

（10）用探针彻底破坏蛙的脊髓，再重复进行上述有关的屈反射、抓反射以及电刺激坐骨神经的实验。

【注意事项】

（1）每次硫酸刺激之后，必须用清水及时而充分地清洗掉刺激部位残留硫酸。每次硫酸刺激的时间只能几秒钟，以免损伤皮肤。

（2）在进行方法与步骤第（5）项内容时，应将趾部的皮肤彻底除净。

（3）坐骨神经中的传入神经纤维要比传出神经纤维细，前者比后者更容易麻醉，故在进行方法与步骤第（6）项和第（7）项内容时，应掌握好这个时间差。

（4）注意在制备脊蛙时不能习惯性地也毁掉脊髓。

【思考题】

（1）各反射的途径是怎样的？

（2）如何理解方法与步骤第（4）项内容的抓反射实验中蛙后肢迅速而准确地踢掉滤纸片这一过程？

（3）如何理解用硫酸刺激蛙一后肢趾端时该后肢发生屈反射的同时蛙体其他部分也常发生活动的现象？

实验六　鱼类红细胞计数

【实验目的】

了解红细胞计数的原理，并掌握其计数的方法。

【实验原理】

用特制的红细胞吸管，吸取一定量的血液，然后用等渗的稀释液按一定的倍数对其进行稀释，再计数一定的容积内的稀释血液中的红细胞个数，再将计数结果按一定的公式还原成每毫升血样中的红细胞的数量。在哺乳类的血细胞计数中，还根据红细胞无细胞核的现象。

【材料与用具】

黄鳝 1 尾，表面皿 1 个，鱼用红细胞稀释液（配方见附录）50 mL，75% 酒精棉球若干（放在小培养皿中），95% 酒精 50 mL，乙醚 20 mL，蒸馏水 100 mL，擦镜纸若干，绸布 2 块，抹布 1 块/组；显微镜（高、低倍）1 台，血细胞计 1 副，手持计数器 1 个/人。

【血细胞计的介绍】

血细胞计主要包括血细胞吸管和血细胞计数板。

（1）血细胞吸管：血细胞吸管是带壶腹的玻璃吸管，它用于吸取血液和稀释血液。血细胞吸管有两种，一种是红细胞吸管，另一种是白细胞吸管。这里仅介绍红细胞吸管。

红细胞吸管：红细胞吸管的壶腹内有一个具红色的玻璃球，吸管的细管中段有 0.5 的刻度，在靠近壶腹处有 1.0 的刻度，在壶腹的另一端有 101 的刻度。在这 3 个刻度之间存在着一定的容积比，101 为 0.5 的 202 倍，为 1.0 的 101 倍。在操作时，首先吸血至 0.5，然后再吸稀释液至 101，但由于细管内的液体实际上没有参与稀释和混合，在计算稀释倍数时应该扣除这一部分的液体，所以上述的 202 倍应是 200 倍。

（2）血细胞计数板：计数板为一特制的长方形厚玻璃板，它的大小和外形有些类似于载玻片，但比载玻片厚。血细胞计数板的表面有 4 条平行的横槽，中央的 2 条横槽又由 1 条纵槽相连，由中央 2 条横槽和纵槽将计数板中央部分分割成前后 2 块区域，每块区域的平面均比整个计数板的表面低 0.1 mm，每块区域的中央表面都有 1 个刻制得十分精细的计数室。血细胞的计数就是在其中任一个计数室中进行。

计数室为边长 3 mm×3 mm 的正方形（图1），它平均分为 9 个等面积的大方格。每个

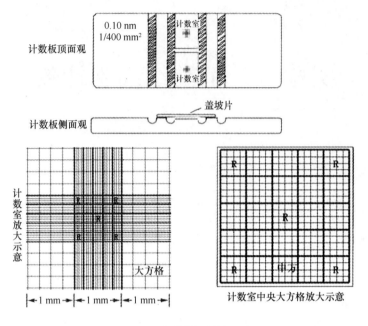

图1 血细胞计数板结构示意图

大方格的面积为 1 mm×1 mm，它的界线为双线。中央大方格被双线分割成等面积的 25 个中方格，每个中方格又分成等面积的 16 个小方格。中央大方格用于计数红细胞的数量。外围的 8 个大方格中只使用 4 个角上的大方格，它们用于计数白细胞的数量。这 4 个大方格又各分为 16 个中方格，这些中方格均以单线为界，且不再分割。

（3）血细胞计的洗涤方法。

①血细胞吸管的洗涤：首先用自来水洗去外部的血液，再用蒸馏水吸吹 3 遍，然后用 95% 酒精吸吹 3 遍，最后，吸放乙醚 1 次后倒吸一口气，这样可使血细胞吸管变得清洁和干燥。血细胞吸管洗净的标志是血细胞吸管中的玻璃球能自由滚动。

②血细胞计数板的洗涤：当血细胞计数板需要洗涤时，应先用清水浸泡之，随后用清水冲洗 3 遍，用蒸馏水冲洗 3 遍，再用滤纸吸去计数板上的水分，最后用绸布轻轻擦拭。血细胞计数板洗涤时，禁止使用酒精和乙醚。血细胞计数板是否干净需要在显微镜下检查判断。

【方法与步骤】

（1）采血：准备好盛有抗凝剂溶液的表面皿，断尾采血，边滴边摇，以免凝固。

（2）取血样并稀释：摇匀后即刻用吸管吸血至 0.5 处，擦干净后，吸取稀释液至 101 处，反复摇匀，放置 5 min，重复摇匀静置。

（3）布血：将稀释血样放入计数室内，方法为：①先摇匀吸管内血样；②再弃去 2~3 滴后，用吸管尖嘴靠着盖玻片的边缘，让稀释血样自然地流入计数室（计数室比周围低 0.1 mm，盖上盖玻片，就可以看做有 1 个空间）；③让其静置 2~3 min，使红细胞沉到底部。

（4）在显微镜下计数红细胞。

①显微镜平置（用低倍镜至高倍镜）；

②先找中央大格，再找到5个中格（计数红细胞的中格）；

③再顺次计数5个中格的红细胞总数（用手持计数器计数）；计数原则："自左向右，从上到下（计数行进路线为弓字形）、数上不数下，数左不数右（指边线）"（图2；图中带箭头的弓形线表示细胞计数的路线；小箭头在小格外的表示该细胞不计数；小箭头在小格内的表示该细胞要计数，且需计数入该小格中）。

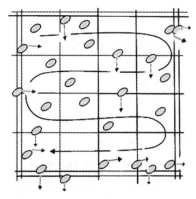

图2　血细胞计数的路线及原则

④应重复计数两遍以上，取其平均数乘以10 000即得每毫升血液中的红细胞的数量。

如果在计数红细胞时发现有两个中格的红细胞数量相差20个细胞以上的话，则应重新布血；重新布血时，计数板应按前述的洗涤方法进行洗涤揩干后才能使用。

（5）计算。

关于红细胞数的计算：设RN为5个中格的红细胞总数（3个以上计数值的平均数），设RN为要求的1 mL血液内的红细胞总数，则其计算公式如下：

$$RX/mm^3 = RN \times 5 \times 10 \times 200 = RN \times 10\ 000$$

（6）按"实验指导"上写的方法洗涤计数板、吸管，并整理其他器材、工具，写实验报告（①3次原始数据，②平均数，③计算红细胞数/mm³）

（7）洗涤实验用具：按照前述的洗涤方法和要求，对血细胞计数板、血细胞吸管等进行仔细地洗涤，然后，按老师的要求进行收捡。

【思考题】

（1）细胞计数的原理是什么？

（2）红细胞计数方法？

（3）为什么在取血时，表面皿需要摇动？为什么水分不能带入血样中？

（4）为什么计算红细胞的公式中需要乘以10和200？

实验七　黄鳝心室的期前收缩与代偿间歇

【实验目的】

通过对心室的期前收缩与代偿间歇的实验，进一步了解心室的正常收缩特性并掌握其记录的方法。

【实验原理】

心肌的特性之一是它具有较长的有效不应期。有效不应期约相当于整个收缩期以及舒张期早期。在有效不应期里，任何强大的刺激都不能使之产生兴奋和收缩。在有效不应期之后，是相对不应期，它仅对强刺激产生兴奋反应。最后是超常期。相对不应期和超常期发生在心肌的舒张期后期里。如果在舒张期后期，对心室施加一个阈上刺激的话，便可在正常的节律性兴奋到达心室之前，引起一次兴奋（期前兴奋）并引起一个收缩（期前收缩），期前兴奋也有它自己的有效不应期，当下一个正常的节律性兴奋到达时，心室正好处于期前兴奋的有效不应期里，因而这个正常兴奋就不能引起心室的正常收缩，心室这时处于一个额外的较长的舒张期（代偿间歇），直至下一个正常兴奋传来时才恢复原有的收缩节律。

【材料与用具】

黄鳝1尾，手术器械1套，培养皿1个，烧杯1个，皮头滴管1支，棉线1 m左右，鱼用任氏液50 mL左右，生理实验多用仪1台，二道生理记录仪1台，肌张力换能器1个，刺激电极1根，地线若干米，长条木板1块，滴定支架1个，双凹夹2个，纱布1块，抹布1块，铁钉6个，大头针若干，小钉锤1把/组。

【方法与步骤】

（1）破坏脑和脊髓：用抹布包裹住黄鳝，仅露出头颈部。用大剪刀在头颈部从背面剪断脊柱（以刚好剪断脊柱的深度为宜，若太深，则易剪断腹主动脉）。此时，可见到有白色脊髓的脊椎管，将细钢丝插入脊椎管，并顺势往里捅，直至整条黄鳝肌肉松软为止。

（2）背位固定黄鳝并剖开胸腔：将黄鳝背面朝下置于长木条上，用铁钉钉住黄鳝的头部和尾部。接着，用手术剪剪开胸腔，暴露出心脏（在距峡部4~10 cm处），将胸腔壁掰开，用大头针将之固定在木板上。

62

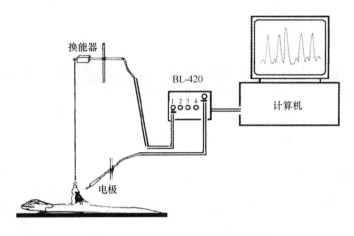

图1　黄鳝心脏期前收缩和代偿间歇

（3）观察黄鳝心脏：黄鳝的心脏属于一心耳一心室。其心耳呈蝶形，壁薄。其心室为圆锥形，肌肉壁厚，收缩有力。在心室前方是球形膨大的动脉球。观察心脏各部分的收缩顺序以及收缩频率，并对其进行记录。

（4）按照图解安装实验设施：用蛙心夹夹住黄鳝心脏的尖部，蛙心夹上的连线的另一端系到肌张力换能器的应变片上，其连线的松紧程度应适中。将双脚刺激电极固定在滴定支架上，并使电极的两个脚刚好夹在心室上，而且要做到无论心室在收缩或舒张均能与电极接触。

（5）按照图解连接仪器之间的连线（包括地线的连接）。按要求调好仪器的各种参数：生理实验多用仪的刺激参数为单刺激档（手控），刺激强度为5 V，波宽为2 ms，将二道生理记录仪的滤波为10，时间常数为DC，走纸速度为5 mm/s，灵敏度为0.1 mV/cm。插上电源插头，打开仪器电源开关，准备进行实验记录。

（6）记录正常的心搏收缩曲线。

（7）在心室收缩期间给予单个电刺激，并进行心搏收缩曲线的记录。

（8）在心室舒张期间给予单个电刺激，并进行心搏收缩曲线的记录。

【注意事项】

（1）每次刺激后，应待心搏恢复正常后再给予下一次刺激。

（2）在黄鳝心脏上经常滴加鱼用任氏液，以防止心脏干燥，但应注意不要让电极短路。

【思考题】

（1）为什么心室会出现期前收缩的现象？

（2）为什么心室出现期前收缩之后会出现代偿间歇？

（3）比较3种曲线的不同，并分析其中的原因。

实验八 鱼类胃肠道运动的观察

【实验目的】

观察胃肠道运动的形式，证明神经对胃肠道的影响，观察神经递质药物对胃肠道运动的影响。

【实验原理】

胃肠道肌肉属于平滑肌，其生理特性与横纹肌不同，它们的运动形式主要有紧张性收缩、蠕动、分节运动和摆动。胃肠道的运动受植物神经（交感神经和副交感神经）的调节。交感神经兴奋时胃肠道运动就减弱，而迷走神经（副交感神经）兴奋时胃肠道运动就加强。但在鱼类，交感神经对胃肠道的作用尚不清楚。

【材料与用具】

乌鳢1尾，手术器械1套，培养皿1个，烧杯1个，皮头滴管1支，鱼用任氏液50 mL左右，生理试验多用仪1台，刺激用保护电极1根，普通电极1根，地线若干米，木板（10 cm×30 cm）1块，梅花螺丝刀1把，纱布1块，抹布1块，注射器1支，大解剖盘2个/组。1/10 000浓度的肾上腺素溶液30 mL/全班。

【方法与步骤】

（1）破坏延脑等脑组织：用抹布包裹住乌鳢，露出头部。用大剪刀的剪刀尖在其头背部凹陷处旋转插入，再用梅花螺丝刀用力捅入，并向前向后破坏延脑等脑组织。

（2）打开腹腔，暴露其内脏。在不拨动胃肠道的条件下观察胃肠道的正常运动形式和运动程度。

（3）拨动胃肠道之后，再观察胃肠道的运动情况。

（4）小心地摘除掉肝脏和胆囊。注意不要损伤其他内脏器官和神经。

（5）观察食道左侧迷走神经的走向和分布。分离该处的迷走神经，并穿线备用。

（6）使用保护电极，并用电刺激（复刺激；波宽1 ms；幅度2 V）刺激该迷走神经，并观察胃肠道运动情况的变化。

（7）当胃肠道强烈运动时，将肾上腺素溶液滴加在胃肠道上，并观其反应。

（8）当胃肠道运动减弱后，可将乙酰胆碱溶液滴加在胃肠道上，并观其反应。该步骤

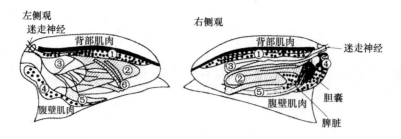

图1 乌鳢内脏及迷走神经示意图（杨秀平，2004）
①鳔，②小肠，③胃，④肝脏，⑤幽门垂，⑥性腺

完成后应用鱼用任氏液清洗腹腔。

（9）重复第（7）项内容。

（10）使用普通电极（直裸式），按第（6）项的刺激参数，对胃肠道肌肉直接进行电刺激，观其反应。

【注意事项】

（1）每次刺激前后，应仔细比较胃肠道运动的变化情况。

（2）在乌鳢胃肠道上经常滴加鱼用任氏液，以防干燥，但应注意不要让电极短路。

【思考题】

（1）胃肠道肌肉有什么生理特性？

（2）胃肠道运动有哪些形式？你观察到有哪些？

（3）比较刺激胃肠道前后胃肠道运动有什么不同，并分析其中的原因。

实验九 鲤鱼脑垂体匀浆注射液的制备

【实验目的】

掌握脑垂体摘取和脑垂体匀浆注射液制备方法。

【实验原理】

促性腺素可以促进性腺发育，成熟与排卵。脑垂体中含促性腺素。将外源性脑垂体制成匀浆，可将其中的促性腺素游离出来，便于注射后使垂体吸收而发挥作用。

【实验步骤】

（1）砍开鲤鱼的头盖骨，暴露鱼脑。
（2）用镊子从脑后夹住脊髓，向前掀开鱼脑。
（3）在蝶骨窝内寻找脑垂体（注：有时脑垂体随脑被带出来）。

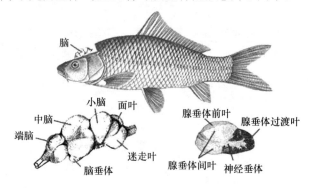

图1 鲤脑垂体的位置与结构示意

（4）用弯头眼科镊顺着蝶骨窝边缘仔细地伸到脑垂体下方，将其轻轻托出来，放在手背上翻动一下，并观察其形态，再放在滤纸上翻动除污。
（5）将脑垂体放在研钵中，加少许生理盐水（0.6%~0.7%），充分研碎，制成匀浆。
（6）将匀浆全部吸入注射器内，备用。

【方法与步骤】

脑垂体取出并经除污后，应放在丙酮或无水酒精中脱脂脱水1天左右，然后晾干，保存在干燥器中，详细方法应参照有关的专业书籍。

实验十　食蚊鱼体色的观察实验

【实验目的】

观察并了解鱼类体表色素细胞的活动。

【实验原理】

鱼类体表分布着色素细胞，色素细胞中的色素颗粒可发生扩散和收缩运动，这些运动受着体内外因素的影响，外界不同的光刺激和背景色可以通过视觉，引起支配色素细胞的交感神经的兴奋或不兴奋，从而支配色素颗粒的运动，适应环境色调。此外，体内的一些激素也能控制色素颗粒的运动（如肾上腺素可以使色素颗粒收缩）。当色素细胞的色素扩散时，体色变成深暗色；当色素收缩时，体色变浅淡。当鱼体处于黑色背景时，体色因色素扩散而变深；当鱼体处于白色背景时，因色素收缩而体色变浅。

【材料与用具】

低倍显微镜（15×10）或解剖镜（1台/人），塑料盆（1个/10人），培养皿（1副/人），皮头滴管（1支/人），黑、白、透明瓶各1个（4人），眼科镊（1把/2人），小捞网（全班10把），麻醉用30%乙醇溶液10 mL/人（置于培养皿中），抹布1块（4人），擦镜纸若干，食蚊鱼5尾/人。

【方法与步骤】

（1）先在白色、黑色和透明瓶中分别放入1尾小鱼，静置1 h以上（待用）。

（2）另取1尾鱼，置于1个盛有乙醇溶液的培养皿中适度麻醉，然后置于另1个干净的培养皿中，用肉眼观察体色状况（食蚊鱼的色素细胞含黑色素。其体两侧的色素细胞呈网状排列，背侧呈1条黑线状排列，尾鳍上呈散点状分布）。

（3）用皮头滴管吸取肾上腺素溶液，滴1滴于体表的某一段，用肉眼观察该处体色的变化，并做记录。

（4）取另1尾小鱼，用同样的方法麻醉，置于低倍显微镜下，观察色素细胞的基本形状，然后滴加肾上腺素，仔细观察色素颗粒的变化，并做记录。

（5）最后，分别取出白色、黑色和透明瓶中的食蚊鱼，用肉眼或显微镜观察其体色上的差异，并做记录。

【作业】

描述实验的整个过程，并列表描述实验结果（需要用图表达色素细胞中色素颗粒的扩散和收缩状态）。

实验十一　虾蟹类小触角应答反应的综合实验

【实验目的】

了解虾蟹小触角的形态特征、生理作用以及饵料生物提取液对它的刺激作用。

【实验原理】

小触角（即第一触角）是虾蟹的嗅觉器官，在感受水中的化学物质、判别食物、寻求异性和确定行为方向等方面具有重要作用。每个小触角通常具数百乃至上千根呈横排排列的化感刚毛（嗅觉感受器）。在动物静息期间，小触角可表现出自发的持续弹动（flicking），而这种弹动的频率在一定范围内能随着化学物质浓度的升高而加快（应答反应），而且也随化学物质成分的刺激作用的大小而变动。因此，应用饵料生物的提取液及其不同浓度的稀释液来刺激小触角即可考察小触角应答性的弹动频率以及与浓度之间的变动关系。另外，小触角的持续弹动以及化感刚毛的排列列阵等均有利于化学信号物质进入化感刚毛簇或被及时清除掉，这对于小触角能及时感受新刺激具重要意义。

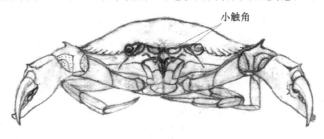

图 1　锯缘青蟹

图 2　锯缘青蟹小触角外鞭示意图

【实验内容】

实验①：动物的饲养实验；实验②：刺激溶液的制备与保存；实验③：小触角活动形式的观察；实验④：小触角静息弹动频率的测定；实验⑤：小触角应答弹动频率的测定；实验⑥：提取液稀释浓度的变动对小触角弹动频率的影响；实验⑦：小触角形态学观察。

【方法与步骤】

按每组 3～4 人的规模将全班分为若干个实验小组。蟹（实验动物，1 只/组），文蛤或贻贝或波纹巴非蛤（40 个/班，用于制备提取液），组织匀浆捣碎机（1 台/班），蟹饲养箱（1 个/组），普通台式离心机（4 台/班），小型透明实验缸（2 个套用，1 套/组，可用透明大塑料油壶代替），实体显微镜（1 台/组），低倍显微镜（1 台/组），海水箱（聚乙烯制品；2 个），溶液瓶（4 个/组；可用干净矿泉水瓶代替，学生自备），海水 16 m³。

按照下列顺序进行实验：实验①→实验②→实验③→实验④→实验⑤→实验⑥→实验⑦。

实验①：动物的饲养实验　饲养前需对动物进行称重、测量甲长并区分雌雄等工作，并作好实验记录。采用浅水饲养方式，在聚乙烯饲养箱内暂养约 1 周。实验期间，饲养用海水的盐度范围在 28～35 之间。饲养箱内铺设海沙，箱内铺设约 10 cm 厚的海砂。每箱设置 2～3 个隐蔽室。按常规方式进行饲养管理（包括每日投食、换水、清污、测水温、测盐度、观察活动并做好记录）。饵料系鲜活小杂鱼（投喂前需将小鱼捏成半死状），其投喂量约为蟹重的 5%。每日下午 5：00—6：00 时投饵，次日上午 7：00—8：00 时换水清污。

实验②：刺激溶液的制备与保存　实验①开始后第 3 天即可进行刺激溶液的制备。从活贝中迅速取出贝肉（含内脏），清除消化道内含物，4℃的 0.7% 盐水（NaCl）清洗，沥干称重。按 1 g 鲜贝肉加 1 mL 冷盐水比例，用组织匀浆捣碎机将其制成贝肉匀浆，再按 3 500 转/min 的转速离心 15 min（按 1：1 加冷盐水）。上清液按最终 1：9 的比例配加冷盐水调制成实验原液，4℃冷藏保存（保存期不能超过 1 周）。使用前，将原液逐级稀释成 10^{-2}、10^{-6}、10^{-10} 的稀释试液分别装入 3 个溶液瓶中待用。实验液使用前需要将温度回升到室温范围内。

实验③：小触角活动形式的观察　将蟹置于盛有干净海水的小实验缸内，并对其小触角的活动进行认真观察，分析各种活动的特点，判断各种活动是否具有规律性，并对比左右小触角的活动差别。

通常，蟹类小触角具有弹动（Springing）、旋转（Rotation）、擦拭（Wiping）和回缩（Withdrawal）4 种活动形式。

实验④：小触角静息弹动频率的测定　将实验动物置于 1 个盛有干净海水的透明实验水槽内，在无理化刺激的条件下（安静状态），人工计数小触角在单位时间内的弹动次数，并比较左右小触角弹动频率上的差异（弹动指小触角基节与底节间的屈折运动，小触角基节与底节之间的夹角改变并迅速复位包括不完全复位的全过程为小触角的 1 个弹动动作）。要求分别记录 5 次数据。

实验⑤：小触角应答弹动频率的测定　用吸管吸取实验原液后，将其小心地施加到距某侧小触角 1 cm 远的正上方，当实验液到达该小触角后即开始人工计数第 1 分钟内该侧小触角的弹动次数（应答性弹动频率）。计数完毕，立即连续 10 次彻底更新实验缸内的海水。然后，让动物静息 3 min。按照这样的方法重复进行 5 次计数。

实验⑥：提取液稀释浓度的变动对小触角弹动频率的影响　按照上述的方法依次使用 10^{-10} 倍、10^{-6} 倍、10^{-2} 倍稀释溶液以及原液对小触角进行浓度梯度刺激（各实验小组需取 5 套数据，并计算其平均数）。

实验⑦：小触角形态学观察　取下小触角后，置于解剖镜或低倍光学显微镜下观察小触角各部的外部形态特征等。观察内容：①小触角的组成部分（亚基节、基节、底节及触角鞭）；②小触角内、外鞭形态；③化感刚毛的形态与分布。

【注意事项】

（1）在上述实验期间，始终保持安静以尽量减少对实验动物的惊扰。

（2）动物体有较大活动时应延长它的休息时间，待其安定后进行实验。

（3）实验⑥需采用先施加低浓度液、后施加高浓度液的施液方案进行。

（4）各实验数据应列入实验记录表中，并作数据处理。

【实验报告】

（1）按照科学论文的格式写实验报告（含：前言、材料与方法、结果、讨论以及参考文献等）。

（2）详细分析或讨论实验结果（辅以图或表描述）。

（3）明确写出实验结论，亦可尝试着作出科学假设。

（4）在讨论中亦可写出实验的心得体会或建议。

表 1　实验结果记录表

测试项目	第 1 次测定	第 2 次测定	第 3 次测定	第 4 次测定	第 5 次测定	平均数
静息弹动频率						
10^{-10} 倍稀释液						
10^{-6} 倍稀释液						
10^{-2} 倍稀释液						
原液						

附录 水产动物生理实验几种 常用药物的配制

(1) 肾上腺素液与乙酰胆碱液的配制。

肾上腺素注射液原液浓度为 0.1%（因为 1 mL 含 1 mg），故要配成 $1/10^4$ 的浓度，将原液稀释 10 倍即可。乙酰胆碱为粉剂，若配 100 mL 的 $1/10^4$ 浓度的溶液，称取 10 mg 粉剂溶解于 100 mL 水中即可。

(2) 蛙类用任氏液的配方。

配方：NaCl 6.5 g；KCl 0.14 g；$CaCl_2$ 0.12 g；$NaHCO_3$ 0.20 g；NaH_2PO_4 0.01 g，再加上 2.0 g 葡萄糖。

在配制时，$CaCl_2$ 需要完全溶解后才能与其他成分混合，否则容易产生不溶解的磷酸钙（呈浑浊状）而失效。葡萄糖应该临用前加入。另外，蒸馏水需要新烧制的，要求 pH 值在 7.2～7.8 之间。

如果没有特殊要求，该任氏液可用于鱼类等动物。

(3) 血液抗凝剂配制。

最好的抗凝剂是肝素，也可以使用柠檬酸钠（又称枸橼酸钠）来抗凝。

肝素采用 1% 的浓度，1% 的肝素 0.05 mL 可以抗凝 1～2 mL 血样。而柠檬酸钠则需要配成 3.8% 的浓度，然后按 1 份抗凝剂，4 份血样的比例进行抗凝。

(4) 麻醉剂常采用 MS222。一般的使用浓度为 $1/10^4$。

(5) 鱼类红血细胞计数用的染色稀释液配方。

这种染色稀释液的配方有多种，下面介绍其中一种：在 100 mL 任氏液中，加入：中性红 3 mg（作染色或衬背景用），甲醛 0.4 mL（起固定细胞的作用）。

【参考文献】

陈克敏. 2001. 实验生理科学教程. 北京：科学出版社.

陈其才，严定友，吴政星. 1995. 生理学实验. 北京：科学出版社.

陈世民，符健，赵善民，等. 2003. 实验生理科学. 上海：上海科技出版社.

陈雪芬，曾嵘，王珺. 2003. 文蛤抽提液对锯缘青蟹小触角弹动频率的影响. 海南大学学报自然科学版，21（3）：266－269.

解景田，谢申玲. 1987. 生理学实验. 北京：高等教育出版社.

项辉，龙天澄，周文良. 2008. 生理学实验指南. 北京：科学出版社.

杨芳炬. 2004. 机能学实验. 成都：四川大学出版社.

杨秀平.2004.动物生理学实验.北京:高等教育出版社.

曾嵘,等.2002.锯缘青蟹嗅觉器官的保护性形态特征.动物学报,48(6):804-811.

张义军.2006.机能实验学.济南:山东大学出版社.

赵轶千,王若雨.1985.生理学实验指导.北京:人民卫生出版社.

《海洋生态学》实验

实验一　温度对海洋动物发育速率和孵化率的影响

【实验目的】

（1）测定不同温度及不同温度下海洋动物的发育速率和孵化率，总结某些特定动物发育的生物学零度和热常数。

（2）掌握控温仪、恒温水浴锅、光照培养箱等仪器的使用方法。

【实验原理和基础知识】

生态学将环境中对生物生长、发育、生殖、行为和分布有直接或间接影响的环境要素称之为生态因子。不同生态因子对有机体的影响程度不一样，有些对生物的生存和繁殖活动具有决定性作用，如食物、温度、种间关系、生活基质等；另一些因子可能对特定生物不具有明显的作用，而是间接地影响有机体。实际上由于生态因子和多种生物构成的协同进化关系，生态系统的要素都是相互联系、相互影响的。对于具体物种来说，其周围环境中完全无关的因子实际上是不存在的。生态因子通常归纳为两类：①非生物因子，海洋环境中的主要非生物因子包括光照、温度、盐度、海流、各种元素和溶解气体等。它们对海洋生物的分布、生长繁殖和生产力等方面有重要影响。②生物因子，生物周围的同种和一种生物对生物个体也是很重要的因子，它们之间主要是营养关系以及各种形式的竞争关系和共生关系等。

温度是重要的非生物因子，生物通常只能在一个较为狭窄的温度区间存活，不同生物所能忍受的温度范围是不一样的。相对陆地生物和淡水生物，海洋生物对温度的忍受幅度要小得多。温度直接影响生物有机体的新陈代谢速率，在适宜温度范围内，温度与新陈代谢速率的关系可以使用温度系数来描述：

$$Q_{10} = \frac{T\text{时的代谢速率}}{(T-10℃)\text{时的代谢速率}}$$

Q_{10}表示每升高10℃时反应速率的变化。

生物体在繁殖和个体发生发育阶段对于温度有更严格的要求，许多海洋生物只在特定温度条件下才会产卵。而受精卵和胚胎也必须在一定温度界限以上才能开始发育。一般把这一界限称之为生物学零度（C），它因生物种类不同而异。在生物学零度以上，水温的提高可以加速有机体的发育。胚胎所需要的总热量基本上保持稳定，称之为热常数，即胚胎发育期的平均温度（有效温度）与发育所持续的时间（小时总数或天数）的乘积是一个常数，这个常数因种类不同而存在差异，这就是有效积温法则。根据有效积温法则，即：$K = N(T-C)$（其中K为热常数，即完成某一发育阶段所需的总热量；N 为完成某一发育阶段所需的时间；T 为发育期的平均温度；C 为生物学零度。因此，在适温范围内，提高温度可缩短胚胎发育时间）。

海水盐度也是海洋生物重要的非生物生态因子。大部分海洋硬骨鱼类通过鳃或者提高尿液中尿素浓度的方式排出多余的盐分，其血液盐含量仅仅为海水盐度的 30% ~ 50%。而多数海洋无脊椎动物和脊椎动物胚胎，不具备主动调节渗透压来适应外界环境的盐度变化，其血液和体液的浓度与海水的盐度相同。因此，海洋动物的胚胎发育与盐度存在一定的相关性，海洋鱼类胚胎发育通常在天然海水条件下孵化率、成活率较高，而在低盐度水体中孵化率、成活率较低。

【材料与用具】

1. 试剂及其配制

天然海水（盐度 33），用 NaCl 和蒸馏水配制盐度为 20、40、50 的水样。

2. 仪器及用品

（1）体式显微镜，光照培养箱，控温仪或恒温水浴锅，砂头充气泵，烧杯，吸管，培养皿等玻璃仪器。

（2）卤虫（*Artemia* spp.）又名丰年虫、丰年虾等，广泛分布于世界各大陆的盐湖、盐田等高盐水域。卤虫休眠卵（自天然水域捞取后经分离、干燥后制成商品）孵化的无节幼体是水产动物培养初期的优良饵料，其成体亦可作为水产动物的饵料。正常卤虫休眠卵在适宜条件下，一般 15 h 左右开始孵化，24 h 孵化率达 90% 以上。

【方法与步骤】

1. 温度实验

（1）在 12 只盛有天然过滤海水的 500 mL 烧杯中加入一定数量（如 500 粒）卤虫休眠卵，以小型充气机适量充气，使休眠卵均匀悬浮在海水中，并供以连续光照，强度约 1 000 lx。将烧杯分为 4 组，分别在 20℃、25℃、30℃ 和 35℃（以光照培养箱、控温仪或恒温水浴锅控制水温）温度下孵化。

（2）将休眠卵加入水中即开始计时，孵化 15 h 后，每隔 1 h 对幼体孵化状况进行观察，并在 18 h、21 h、24 h 分别从 4 个温度组中取出样品观察统计，并计算孵化率填入表 1。

表 1　卤虫在不同温度下的孵化率

温度（℃）	最早孵化时间（h）	18 h 孵化率（%）	21 h 孵化率（%）	24 h 孵化率（%）
20				
25				
30				
35				

（3）以孵化率达90%时的孵化时间作为卤虫胚胎发育的所需时间，根据有效积温法则，计算卤虫发育的生物学零度和热常数。

2. 盐度实验

（1）在12只盛有天然过滤海水的500 mL烧杯中加入一定数量（如500粒）卤虫休眠卵，以小型充气机适量充气，使休眠卵均匀悬浮在海水中，并供以连续光照，强度约1 000 lx。将烧杯分为4组，分别在盐度为20、33（天然海水）、40和50的条件下孵化（温度条件为25℃或室温）。

（2）孵化15 h后，每隔1 h对幼体孵化状况进行观察，并在18、21、24 h分别从4个盐度组中取出样品观察统计，并计算孵化率填入表2。

表2　卤虫在不同盐度下的孵化率

盐度	最早孵化时间（h）	18 h孵化率（%）	21 h孵化率（%）	24 h孵化率（%）
20				
33（天然海水）				
40				
50				

【注意事项】

（1）在不同时段取样观察统计时，注意轻轻混匀孵化烧杯，统计时取得50～100个胚胎为宜。

（2）胚胎脱壳而出时，卵壳与幼体仍然连在一起，称之为"挂灯"，此时记为已孵化胚胎；一段时间以后，幼体会与卵壳脱离开来，观察统计时应区分空卵壳与未出壳胚胎的差别。

（3）设置室温组替代25℃温度组时，应该记录每小时水温的变化（或者气温变化），并根据实测温度计算积温。

【思考题】

（1）什么是有效积温法则？
（2）根据实验结果计算卤虫胚胎发育的生物学零度和热常数是多少？
（3）根据实验结果，你得出的卤虫最适发育温度和盐度分别是多少？你的依据是什么？

实验二　浮游植物的培养与种群数量增长曲线

【实验目的】

了解海洋浮游植物的培养方法，并根据细胞数量增长速率绘制增长曲线（逻辑斯谛增长曲线）。

【实验原理和基础知识】

生物种群的大小是一定区域内种群个体的生物量（N），通常以种群的密度作为相对的度量标尺。种群的密度是种群生存的一个重要参数，它与种群中个体的生长、繁殖等功能密切相关：外界环境条件对种群的密度由影响，而种群本身也具有一定的密度调节机制。

生物种群密度的增加在一定范围内常常能够提高成活率、降低死亡率，其种群增长状况优于密度过低时的状况。过低的种群密度，雌雄个体相遇的几率较小，导致种群的出生率下降；然而过高的种群密度将产生拥挤的负效应，个体生活所必须的条件变差，导致出生率下降、死亡率升高。因此种群密度过疏或过密对种群的生存与发展都是不利的，不同物种都有自己的最适密度。

种群的增长或下降可以用生物量的变化或个体数量的变化来表示。这些变化是由该时间段内的出生、生长、死亡、迁出和迁入的差数所决定。在隔离条件下研究种群的增长能力通常不考虑迁入和迁出的影响。生物种群在食物丰盛、没有拥挤和天敌的条件下表现出指数式增长，即 $N_n = 2^n N_0$ 或 $N_t = 2^n N_0 \lambda^t$（λ 为每经过 1 个世代或时间单位的增长倍数）。不过种群的增加实际上是有限的，因为环境所提供的资源是有限的，指数增长不可能长期维持下去。随着种群密度的上升，食物和空间等条件日益恶化，被捕食与病害机会增多，导致死亡率增加出生率降低，从而降低种群的实际增长率，直至停止增长甚至负增长。根据以上分析，在一个设定的环境里，种群的实际增长率随着种群密度本身的提高而降低。同时设想环境资源可以容纳的最大种群值，称为环境负载能力（K），当种群达到 K 时将不再增长，即 $dN/dt = 0$。逻辑斯谛方程就是用来描述这种增长模式的：$dN/dt = rN（1 - N/K）$，式中 r 为种群瞬时增长率，种群数量（N）越接近环境负荷量（K）时，（$K - N$）$/K$ 的值越小，增长速度下降，当 $N = K$ 时，增长率为零，种群数量维持稳定。逻辑斯谛方程描述了这样一种机制，当种群密度上升时，种群能够实现的有效增长率逐渐下降，在种群密度与增长率之间，存在着负反馈机制。

藻类是海洋生态系统中重要的初级生产者，在人工池塘生态系统和生物饵料方面也扮演着关键角色，藻类的种类与种群密度往往直接关系到水体生态系统的状态。常见的藻类有小球藻、扁藻、球等鞭金藻、中肋骨条藻等。

（1）小球藻（*Chlorella* spp.）属绿藻门，海产小球藻对盐度的适应范围较广，在海洋中广泛分布，在港湾、河口的半咸水中也能生存。生存温度 $10 \sim 36℃$，最适温度 $25℃$ 左右，最适光强 $10\ 000$ lx，适宜 pH 值 $6 \sim 8$。小球藻在水产养殖中常用于轮虫的培养。

（2）扁藻（*Platymonas* spp.）属绿藻门，其中亚心形扁藻较为常见。最适盐度范围 $30 \sim 40$，最适光强范围 $5\ 000 \sim 10\ 000$ lx，最适温度范围 $20 \sim 28℃$，对低温的适应性强。一般在 pH 值 $6 \sim 9$ 范围内都能生长繁殖，最适 pH 值为 $7.5 \sim 8.5$。扁藻是水产养殖贝、虾类幼体的良好饵料。

（3）球等鞭金藻（*Isochrysis galbana*）属金藻门，适温范围很广，$10 \sim 35℃$ 都能正常繁殖，最适温度为 $25 \sim 30℃$，最适盐度范围 $10 \sim 30$，生长适应光强范围 $1\ 000 \sim 10\ 000$ lx，最适光强范围 $6\ 000 \sim 10\ 000$ lx。球等鞭金藻是鱼、虾、贝类幼体的良好饵料。

（4）中肋骨条藻（*Skeletonema costatum*）属硅藻门。广温、广盐性种类，分布极广。最适盐度范围 $25 \sim 30$，生长适温 $8 \sim 32℃$，最适温度范围 $20 \sim 25℃$，最适 pH 值为 $7.5 \sim 8.5$。中肋骨条藻是培养对虾幼体的主要饵料之一。

【材料与用具】

一、试剂及其配制

（1）培养基：称取硝酸钠 75 mg、磷酸二氢钠（NaH_2PO_4）4.4 mg、硅酸钠 50 mg（硅藻培养时使用）、微量元素溶液 1 mL、维生素溶液 1 mL，加入海水定容到 $1\ 000$ mL。

（2）微量元素溶液：硫酸锌 23 mg、硫酸铜（$CuSO_4 \cdot 5H_2O$）10 mg、氯化锰（$MnCl_2 \cdot 4H_2O$）178 mg、柠檬酸铁（$FeC_6H_5O_7 \cdot 5H_2O$）3.9 g、钼酸钠（$NaMoO_4 \cdot 2H_2O$）7.3 mg、乙二铵四乙酸二钠盐 4.35 g、六水氯化钴（$CoCl_2 \cdot 6H_2O$）12 mg，加入双蒸水定容至 $1\ 000$ mL。

（3）维生素溶液：维生素 B_{12} 0.5 mg、维生素 H（生物素）0.5 mg、维生素 B_1 100 mg，加入双蒸水定容至 $1\ 000$ mL。

二、仪器及用品

显微镜，浮游植物计数框或血球计数板，三角烧瓶，胶头吸管，培养皿，高压灭菌锅等。

【方法与步骤】

以小球藻为例。

（1）培养器具的准备：以 250 mL 三角烧瓶为培养瓶，洗净后用高压灭菌锅消毒灭菌，注入经煮沸消毒过的天然过滤海水，加培养液至 1/3 体积。

（2）接种培养：在培养瓶中接种一定数量生长状况良好的小球藻，使水体呈浅绿色，以干净滤纸和橡皮筋扎住瓶口后于 25℃ 光照培养箱中振荡培养。振荡转速为 110 r/min，光暗周期为 14 h∶10 h。

（3）计数：自接种时开始，每隔 24 h 定时计数，填入表 1，计数时先将藻液充分摇匀，取样后以血球计数板或浮游植物计数框于显微镜下计数，直至其密度不再上升（计数方法同血球计数实验）。

（4）数据处理：以培养时间（t）为横坐标，种群数量（N_t）为纵坐标，绘制种群数量增长曲线。

表 1　不同时段培养液中的小球藻密度

	24 h	48 h	72 h	96 h
小球藻密度				

【注意事项】

（1）使用计数框或计数板计数时应重复取样，保证数据的准确性。

（2）接种时，接入的藻液量不宜过大，呈现较浅的绿色即可，否则可能导致藻类的密度很快达到环境负载，无法测量其增长速率。

【思考题】

（1）生物种群增长为什么不能一直维持指数增长？指数增长应该满足怎样的条件？海洋中藻类指数增长会发生什么现象？

（2）根据实验结果绘制藻类种群增长曲线，试分析曲线各段的涵义。

实验三　光照强度与浮游植物光合作用速率的关系

【实验目的】

了解光照强度与浮游植物光合作用（产氧量）的关系，掌握用黑白瓶氧含量与光合作用熵计算总产量与净产量。

【实验原理和基础知识】

光是海洋浮游植物进行光合作用的能量来源，浮游植物光合作用速率与光照强度的关系一般呈现抛物线关系：在低光照范围内，光合作用速率与光强成正比，随光强增加，光合作用速率逐渐达最大值（P_{max}）；而在强光照条件下，光强继续增加而光合作用则会因为光照过度而受抑制。光合作用速率最大的光照强度称之为饱和光强，不同种类的饱和光强值不同。I_k 为光合作用的半饱和常数，表示光合作用速率为最大值一半时的光照强度。

浮游植物光合作用可用下式简单表示：$CO_2 + H_2O \rightarrow (CH_2O) + O_2$，在一定时间内，浮游植物在光合作用过程中吸收的 CO_2，释放的 O_2 和生成的有机物之间存在一定比例关系，因此可由产氧量间接估算光合作用产量。

光合作用熵（PQ）：指光合作用释放的 O_2 分子数与所还原 CO_2 分子数的比值。光合作用产物不同，PQ 值不同，合成碳水化合物的 PQ 值为 1，脂类为 1.4，以 $NH_4 - N$ 为氮源合成蛋白质时，PQ 值为 1.05，以 $NO_3 - N$ 为氮源则为 1.6。PQ 平均值为 1.25。由此可得下式：P [mg/（L·h）]（以碳计）$= 3/8 \times O_2$ [mg/（L·h）] $\times 1/PQ$。

黑白瓶测氧法：适用于生产力水平高的水域（如养殖水域）和实验室培养。将已知氧含量的水样（A）分别置于透光（白瓶 B）和不透光（黑瓶 C）的培养瓶中在相同条件下培养一定时间，白瓶因光合作用而含氧量上升，黑瓶则因呼吸作用无光合作用而含氧量减少。分别以 Winkler 碘量法测定黑白瓶中因光合作用的氧净增量（白瓶）和因呼吸作用的氧减少量（黑瓶）。因此总初级产量 $P = B - C$，净产量 $P_n = B - A$。

碘量法原理：在水样中加入适量的氯化锰和碱性碘化钾试剂后，生成的氢氧化锰被水中的溶解氧氧化为褐色沉淀，主要是 $MnO(OH)_2$，加硫酸酸化后沉淀溶解。在碘化物存在的条件下，被氧化的锰又被还原为二价态，同时析出与溶解氧等摩尔数的碘，碘可以用硫代硫酸钠溶液滴定，淀粉指示终点，

$$Mn^{2+} + 2OH^- = Mn(OH)_2 \quad （白色沉淀）$$
$$Mn(OH)_2 + 1/2\,O_2 = MnO(OH)_2 \quad （褐色沉淀）$$

$$MnO(OH)_2 + 2I^- + 4H^+ = Mn^{2+} + I_2 + 3H_2O$$
$$I_2 + 2S_2O_3^{2-} = 2I^- + S_4O_6^{2-}$$

【材料与用具】

一、试剂及其配制

（1）$MnCl_2$ 溶液：将 420 g 水合 $MnCl_2$ 溶于水，定容于 1 000 mL。

（2）碱性碘化钾溶液：溶解 500 g 氢氧化钠于 500 mL 水中，冷却后加入 150 g 碘化钾并稀释至 1 000 mL。盛于橡皮塞棕色试剂瓶中。

（3）1% 淀粉指示剂。

（4）硫酸溶液：将 50 mL 硫酸（$d = 1.84$）在搅拌下缓慢加入到 50 mL 水中，冷却后备用。

（5）硫代硫酸钠溶液：称取 25 g 硫代硫酸钠，用少量水溶解后稀释至 1 000 mL，加 2 g 无水碳酸钠，混匀后置于棕色试剂瓶中（0.1 mol/L）。放置 2 周后，用煮沸冷却的水稀释成 10 L 0.01 mol/L 的溶液。

（6）过滤煮沸的海水，加入适量培养基（配方见实验二浮游植物的培养与种群量增长曲线）。

二、仪器及用品

（1）滴管，移液管，锥形瓶，水下照度计，日光灯管组（设置不同光强），滴定管，磁力加热搅拌器，碘量瓶，容量瓶等玻璃仪器等。

（2）骨条藻，扁藻，小球藻或金藻等。

【方法与步骤】

（1）接种：以 250 mL 碘量瓶为培养瓶，洗净消毒后加入经煮沸消毒过的过滤海水，加适量培养液后接种一定数量生长状况良好的浮游植物，小心封口（无气泡）。

（2）培养：在适宜的温度、盐度、pH 值等培养条件下，将培养瓶（包括白瓶和黑瓶）分为 3 ~ 4 组，以日光灯管组为光源，设置不同光强，使培养种类在不同光照条件（弱光至强光）下进行培养。

（3）水样的固定：打开水样瓶塞，立即用 1 mL 移液管在液面下加入氯化锰溶液 1 mL 和碱性碘化钾溶液 1 mL，塞紧瓶塞（瓶内无气泡），按住瓶塞颠倒 20 次。

（4）水样的酸化：水样固定 1 h 后，待沉淀降至瓶底，打开瓶塞，立即加入 1 mL 硫酸溶液；塞紧瓶塞，反复颠倒至沉淀溶解。

（5）水样测定：静置 5 min，小心打开瓶塞，用移液管吸取水样 50 mL 至锥形瓶中。立即滴定，待试剂呈现淡黄色时，加入 3 ~ 4 滴 1% 的淀粉指示剂，继续振摇滴定至淡蓝色刚刚退去为无色即为终点，记录消耗的硫代硫酸钠溶液体积。

（6）数据测定与处理：分别在起始和 2 h 后以温克碘量法测定各组培养瓶中的氧含量，光强用水下照度计测定，所得数据填入表 1。并根据上述公式计算总生产量和净生产量。并以光照强度为横坐标，光合作用速率为纵坐标作图，了解光照强度与浮游植物光合作用速率的相互关系。

$$O_2（mg/L）= \frac{C_{硫代硫酸钠} \cdot V \cdot f_1 \cdot 32}{4 \cdot V_1} \times 1\,000$$

式中 C 为硫代硫酸钠溶液浓度（mol/L）；V 为滴定时用去的硫代硫酸钠溶液体积（mL）；V_1 为所滴定水样的体积（mL）；f_1 为 $V_2 /（V_2 - 2）$，V_2 为水样瓶容积（mL），2 为 1 mL 氯化锰溶液与 1 mL 碱性碘化钾溶液的体积之和（mL）。

表 1　不同光照强度条件下的氧含量与生产力

光强	起始氧含量（mg/L）	白瓶氧含量（mg/L）	黑瓶氧含量（mg/L）	总生产量（以碳计）[mg/（L·h）]	净生产量（以碳计）[mg/（L·h）]

【注意事项】

（1）取水样时将水样瓶置于水平桌面上，用移液管从瓶底缓慢注水，切忌悬空注水，并使液体满出瓶口以避免瓶盖处残留空气。

（2）接种藻液的量不宜过多，否则可能导致培养过程中较多藻类的死亡，从而影响生产力的测定。

【思考题】

（1）试分析黑白瓶测氧法的优缺点及主要影响因素。

（2）根据实验结果计算不同光照强度下浮游植物光合作用速率，并分析结果。

实验四　浮游植物数量和生物量的测定

【实验目的】

（1）通过浮游植物细胞密度与单位水体叶绿素 a（Chl a）含量的测定，掌握浮游植物数量和生物量的表示方法，并对该水样不同粒径浮游植物加以比较分析。

（2）学会使用采水瓶、水样固定、浓缩及浮游植物计数框的方法，掌握叶绿素的测定方法。

【实验原理和基础知识】

生物量是指某一特定时间、某一特定范围内存在的有机体的量。浮游植物是海洋生态系统的初级生产者，其初级生产力水平与叶绿素 a 含量存在线性关系，因而往往用叶绿素 a 含量来表示浮游植物的生物量。

海洋生态系统的种类组成结构以及能流、物质流特征与初级生产者的粒径大小有密切关系。不同类型海区初级生产者的粒径组成存在很大差异，了解某一特定海区初级生产者的粒径组成，有助于深入研究海区的新生产力水平、营养平衡状态等结构、功能特征。

【材料与用具】

一、试剂及其配制

（1）90% 丙酮：量取 100 mL 蒸馏水于 1 L 的烧瓶中，并用分析纯的丙酮加到 1 000 mL。该试剂装于盖密的瓶中，保存在暗处。

（2）碳酸镁溶液：将约 1 g 细粉末状的 $MgCO_3$ 加到 100 mL 蒸馏水中，装于 100 mL 洗瓶中，使用前用力振摇，加几滴即可。

（3）鲁哥氏液：称取 5 g 碘和 10 g 碘化钾溶于 85 mL 蒸馏水中，碘的总浓度为 150 mg/mL。

二、仪器及用品

分光光度计，显微镜，浮游植物计数框，采水瓶，离心机，抽滤瓶，真空泵，微孔滤膜，核孔滤膜，20 μm 孔径筛绢网，冰箱及吸管等。

【方法与步骤】

（1）采样：海滩或池塘等水域选择取样点，以 1 000 mL 采水瓶采取一定水层的水样。

（2）水样处理：开始过滤海水时，加几滴（3～5滴）碳酸镁悬浮液于海水中。

（3）将所取水样分别以

①0.45 μm 微孔滤膜（叶绿素a总量）；

②2 μm 核孔滤膜（大于2 μm孔径叶绿素a含量）；

③先经20 μm孔径筛绢过滤后再以2 μm核孔滤膜（2～20 μm孔径叶绿素a含量）过滤，每组过滤500 mL。

（4）抽气使过滤膜完全干燥，保存 –20℃冰箱或立即分析。

（5）将3个过滤组收集的滤膜转移到10 mL离心管中，加10 mL 90%丙酮到管中，充分振摇。溶解后锡箔纸包裹，冰冻过夜。

（6）丙酮溶液冰冻24 h后取出离心，室温下将各离心管800 rpm离心5～10 min。离心时间长短取决于离心机的型号和要求得到溶液的清澈程度（10 cm光程时在750 nm处的吸光值应低于0.05）。

（7）倾倒上清液到10 cm光程的分光光度计的液池中，并在750 nm、664 nm、647 nm、630 nm、510 nm及480 nm（如果仅需要测定叶绿素a，那么510和480 nm就不必测定）下连续测量吸光值。

（8）从664 nm、647 nm和630 nm的吸光值减去750 nm的吸光值，以校正微粒浊度空白的消光值（510 nm的消光值以减去2×750 nm消光值校正，480 nm吸光值以减去3×750 nm消光值校正）。

（9）用下面各式计算原海水样品中色素的含量，

$$(C_a) = 11.85 E_{664} - 1.54 E_{647} - 0.08 E_{630}$$
$$(C_b) = 21.03 E_{647} - 5.43 E_{664} - 2.66 E_{630}$$
$$(C_c) = 24.52 E_{630} - 1.67 E_{664} - 7.60 E_{647}$$

式中，E是上述不同波长下所测的消光值（以750 nm读数校正）。C_a、C_b和C_c分别表示叶绿素的含量（如果用1 cm光程液池，以 μg/mL 表示），即：

$$\text{mg Chl. } /m^3 = \frac{C \times v}{V \times 10}$$

式中，v为丙酮毫升数（10 mL），V是过滤海水体积（L），C分别代表上述C_a，C_b和C_c 3种叶绿素（注：μg/m³）。

表3－4－1　浮游植物叶绿素含量的测定

水层 \ 数值 \ 孔径		>2 μm	2～20 μm	叶绿素a总量
表层	数　值			
	含量比例			100%
底层	数　值			
	含量比例			100%

87

（10）数据测定取上清液于分光光度计测定叶绿素 a 含量，将所得不同孔径叶绿素 a 含量及占叶绿素 a 总量比例等数据填入表 1。

【注意事项】

（1）过滤水样时滴加少量碳酸镁以防止过滤过程中滤膜变酸性。
（2）滤膜过滤水样时间较长，注意避免玻棒或滴管戳破滤膜。
（3）吸光度测定时小心吸取上清液，若溶液混浊则需再次离心。

【思考题】

不同水层浮游植物叶绿素总含量是否存在差别，存在差异的原因是什么？

实验五　海洋动物的氮、磷的排泄速率

【实验目的】

了解海洋动物氨氮排泄速率与环境因子的相互关系，掌握海水主要营养盐含量的测定方法。

【实验原理和基础知识】

氮是组成生物体核酸、氨基酸等成分的基本元素，氮的生物地球化学循环是地球生态系统的重要环节。氮的化学形态比较复杂，包括无机氮与有机氮两大类。溶解无机氮主要有分子态氮，其数量很大，化学性质稳定，需要通过固氮生物的转化才能进入生态系统被生物所利用；硝酸氮是氮的高氧化态形态，氨氮则是氮的高还原态状态，它们都是生物可以利用的重要氮源。此外还存在一些氧化 – 还原过程中的无机氮化合物。

海洋生态系统氮营养盐的再生与海洋动物的新陈代谢有密切关系，海洋动物的代谢产物有相当部分是以氨的形式直接释放到环境中去，因此可通过测定周围环境中氨氮含量的变化了解海洋动物氨氮排泄速率。同时由于海洋动物的新陈代谢速率与环境因子（特别是温度）存在密切关系，因此测定不同环境条件下海洋动物氨氮排泄速率有助于了解不同环境条件下氮营养盐的再生速率的差异。

磷也是生物体的基本必须元素之一，提高 DNA 和 RNA 的基本骨架，也在 ATP 能量传递过程中起重要作用，同时也是细胞膜、骨骼的结构组分。海洋生物可利用磷的供给状况对初级生产力、物种分布及生态系统生物组成等方面都有影响。海洋生态系统磷营养盐的再生与海洋动物的新陈代谢有密切关系，海洋动物的代谢产物有相当部分是以磷酸盐的形式直接释放到环境中去，因此可通过测定周围环境中磷酸盐含量的变化了解海洋动物。海洋动物的磷排泄速率除与环境因子（特别是温度）存在密切关系外，不同生活阶段也存在显著差异。

【材料与用具】

一、试剂及其配制

NH_4Cl、$NaClO$、KBr、$KBrO_3$、HCl、$NaOH$、$Na_2S_2O_3$、KI、氯仿、磺胺、盐酸、苯酚、亚硝基铁氰化钠、KH_2PO_4、H_2SO_4、钼酸铵、抗坏血酸、酒石酸锑钾等。试剂的配制详见水化学实验指导。

二、仪器及用品

（1）分光光度计，冰箱，恒温培养箱，抽滤器，滴定管，温控仪，振荡器，亚沸石英蒸馏器，恒温水浴锅，培养缸等玻璃仪器。

（2）幼鱼或幼虾。

【方法与步骤】

1. 氮排泄速率测定

（1）培养条件（以对虾为例）。

将某一阶段的南美白对虾幼体，以适当数量密闭培养于 1 000 mL 培养瓶中，根据所选材料的适温范围，设置 2~3 个温度梯度（如 10℃、20℃、30℃），同时每个温度组都设置相应空白对照组（也可在相同环境条件下比较不同阶段幼体的差异）。

（2）数据测定。

绘制标准曲线：

a. 取 6 支 50 mL 具塞比色管，分别加入 0，0.50 mL，1.00 mL，1.50 mL，2.00 mL，2.50 mL 硫酸铵标准使用溶液加水至标线，混匀，标准系列各点的浓度分别为 0，10.0 μmol/L，20.0 μmol/L，30.0 μmol/L，40.0 μmol/L，50.0 μmol/L；

b. 分别加入 1.0 mL 酒石酸钾钠溶液，混匀，再加入 1.5 mL 奈氏试剂溶液混匀，放置 15 min 显色；

c. 选 420 nm 波长，20 mm 比色皿，以水作参比，测其吸光值 E_i，其中零浓度为标准空白吸光值；

d. 以吸光值（$E_i - E_0$）为纵坐标，浓度（mg/L）为横坐标绘制标准曲线。

水样的测定：

a. 分别于实验初始和培养 2 h 后取水样，0.45 μm 滤膜过滤，移取 50.0 mL 已过滤的水样于具塞比色管中；

b. 参照标准曲线 b~d 的步骤测量水样的吸光值 E_w。

c. 另取澄清水样，于具塞比色管中，参照标准曲线 b~d 的步骤，测定水样由于浑浊引起的吸光值 E_t。

d. 水样中由氨氮引起的吸光度：$E_n = E_w - E_0 - E_t$

由 E_n 值在标准曲线上查得水样的氨氮的浓度（mg/L），或用标准曲线线性回归方程计算。

（3）数据处理及分析：

根据所得数据以下式计算个体氨氮排泄速率 V_E 和单位体重氨氮排泄速率 V_E'，结果填入表 1，并比较分析不同温度条件下对虾幼体氨氮排泄速率的差异。

$$个体氨氮排泄速率 \ V_E = \frac{（培养后水样氨氮浓度 - 初始氨氮浓度）\times 培养体积}{培养时间 \times 个体数}$$

单位体重氨氮排泄速率 $V_E' = \dfrac{(培养后水样氨氮浓度 - 初始氨氮浓度) \times 培养体积}{培养时间 \times 总重量(湿重或干重)}$

表1 水样中氨氮的含量

温度 项目 数值	初始浓度 （μg/L）	培养后浓度 （μg/L）	总重量 mg	V_E [μg/（h·个）]	V_E' [μg/（h·mg）]
10℃					
20℃					
30℃					

2. 磷排泄速率测定

（1）培养条件（同氮测定实验）。

（2）数据测定。

分别于实验初始和培养 2 h 后取水样，0.45 μm 滤膜过滤后以磷钼蓝法测定水样中活性磷酸盐含量（详见《水环境化学实验》），根据培养前后水样中活性磷酸盐含量差别计算磷排泄量。同时实验结束后收集培养材料，测定总重量（湿重或干重）。

（3）数据处理及分析。

根据所得数据以下式计算个体磷排泄速率 V_E 和单位体重磷排泄速率 V_E'，结果填入表2，并比较分析不同幼体期对虾幼体磷排泄速率的差异。

个体磷排泄速率 $V_E = \dfrac{(培养后水样磷酸盐浓度 - 初始磷酸盐浓度) \times 培养体积}{培养时间 \times 个体数}$

单位体重磷排泄速率 $V_E' = \dfrac{(培养后水样磷酸盐浓度 - 初始磷酸盐浓度) \times 培养体积}{培养时间 \times 总重量(湿重或干重)}$

表2 不同水样中磷的含量

幼体期	初始浓度 （μg/L）	培养后浓度 （μg/L）	个体数 （个）	总重量 mg	V_E [μg/（h·个）]	V_E' [μg/（h·mg）]
溞状幼体						
糠虾幼体						
仔虾幼体						

【思考题】

不同温度组幼鱼或幼虾的氮排泄及磷排泄存在差异的原因是什么？

实验六　潮间带生物观察及标本采集

【实验目的】

（1）通过实验使学生了解潮间带的生物类型和生存环境。

（2）通过实验使学生了解潮间带的常见种和优势种，加深对种群、群落和生态系统等概念的理解。

【实验原理和基础知识】

潮间带是指海岸带上每天都有被海水淹没及干露的部分。由于交替的干湿使得潮间带存在多变的生境，其生物的分布有明显的垂直带状特征。相邻生物带可以通过颜色和形态加以区分。在我国的岩岸潮间带的高潮区通常以滨螺为标志种，中潮区以牡蛎为标志种，低潮区以藻类为标志种，伴以许多分布到潮下的动物。岩岸上生活着一些能够移动的动物，如帽贝、蜓螺、荔枝螺等，它们具备在1个或几个潮汐周期穿越整个潮间带的能力，其分布较为复杂。

岩岸潮间带附着生物分带的决定因素包括物理因素和生物因素，常常是两类因素共同作用的结果。带状分布的上限的决定因素是物理因素，分布的区域越高对于温度和干燥的忍受压力就越大；带状分布的生物因素主要是种间的捕食作用和空间竞争。岩岸潮间带的草食动物主要是海胆、帽贝、石鳖和滨螺，它们主要摄食底栖藻类。贻贝、藤壶、海绵等则滤食浮游生物。等足类和蟹类是主要的食腐动物。捕食性腹足动物捕食蛤、贻贝和藤壶。潮间带主要的肉食性动物是海星，是控制群落的关键种。

【材料与用具】

水桶，塑料袋，小铲或其他挖掘及收集工具。

【方法与步骤】

表1　潮间带各类生物分布（物种数量）情况

位置	软体动物				蔓足类				海藻类			
高												
中												
低												

（1）观察：对潮间带生物的种群（类），生境进行仔细观察，了解其带状分布特征。

（2）标本采集：每5人1组，沿海岸线潮间带采集生物标本。

（3）标本分类：将所采集标本带回室内，进行分类，对常见种和优势种要求鉴别到属、种，其他鉴别到科属即可。

【思考题】

（1）对观察及收集的潮间带生物分布情况进行描述。

（2）记录分类结果，并对各区带优势种及其生境进行描述和分析。

【参考文献】

梁秀丽，潘忠泉，等. 2008. 碘量法测定水中溶解氧. 化学分析计量，17（2）：54 – 56.

林彬. 2010. 石斑鱼工厂化育苗水体人工生态系统的研究. 硕士论文，16 – 31.

刘青，张晓芳，等. 2006. 光照对4种单胞藻生长速率、叶绿素含量及细胞周期的影响. 大连水产学院学报，21（1）：24 – 30.

欧阳峥嵘，温小斌，等. 2010. 光照强度、温度、pH值、盐度对小球藻光合作用的影响. 武汉植物学研究，28（1）：49 – 55.

沈国英，黄凌风，等. 2010. 海洋生态学（3版）. 北京：科学出版社.

田树林，高仁恒，等. 1988. 不同理化因子对卤虫休眠卵孵化效果影响的研究. 山西师大学报（自然科学版）（增刊）：68 – 77.

严美姣，王银东，等. 2007. 光照对小球藻、斜生栅藻生长速率及叶绿素含量的影响. 安徽农学通报，13（23）：27 – 19.

曾宪英，徐高峰，等. 2004. 影响卤虫孵化的三个因素. 海水养殖，16：55 – 56.

赵平孙自编教材. 水产养殖学实验综合指导书.

《水生生物学》实验

实验一 藻类的形态观察

【实验目的】

通过实验观察，了解各门藻类的基本形态特征，比较各门藻类的形态结构及在水体中的生活状态的异同。

【实验原理和基础知识】

藻类是海洋浮游植物的主要成分，是海洋生态系统中最主要的初级生产者。除蓝藻外，其他 10 个门的藻类都是真核生物，主要水生，无维管束，具色素和色素体，能进行光合作用。藻类颜色各异，是因为不同藻类所含有的各种色素的比例不同，藻类的色素是其主要的分类依据。体型大小各异，小至长 1 μm 的单细胞的鞭毛藻，大至长达 60 m 的大型褐藻。藻类的生殖单位是单细胞的孢子（spore）或合子（zygote），不开花结实。藻类没有真正的根、茎、叶的分化，是无胚的自养孢子体叶状植物。藻类在植物界属于低等植物。共分 11 个门：①蓝藻门（Cyanophyta）、②金藻门（Chrysophyta）、③黄藻门（Xantho-phyta）、④硅藻门（Bacillariophyta）、⑤甲藻门（Pyrrophyta）、⑥隐藻门（Cryptophyta）、⑦裸藻门（Euglenophyta）、⑧绿藻门（Chlorophyta）、⑨轮藻门（Charophyta）、⑩褐藻门（Fhaeophyta）、⑪红藻门（Rhodophyta）。浮游藻类一般多见于前 8 个门，轮藻、褐藻和红藻门主要是大型藻类。对于运动的藻类来说，一般都具有鞭毛、眼点和伸缩泡等结构。

【材料与用具】

显微镜，各种藻液及标本。

【方法与步骤】

分别用滴管取各种藻液于显微镜下观察，大型藻类取新鲜或固定标本观察。

（1）扁藻属（*Platymonas*）：单细胞，纵扁。正面观椭圆形、心形或卵形；侧面观狭卵形或狭椭圆形；垂直面观椭圆形或近长圆形。细胞前端中央具 4 条等长的鞭毛，其长度等于或略短于体长，2 对鞭毛在细胞两边两两相对排列。伸缩泡 2 个或不明显。色素体大型，绿色杯状，完全或前端呈 4 个分叶。蛋白核 1 个，球形或杯形。眼点 1 个。细胞核 1 个。

（2）盐藻属（*Dunaliella*）：单细胞，具 2 条等长顶生鞭毛，色素体杯状，绿色。近基部具 1 个较大的蛋白核。1 个大的眼点位于细胞前端。因无细胞壁，在运动时形状为梨形、椭圆形、长颈形等变化不等。

（3）小球藻属（*Chlorella*）：小型单细胞藻体。单生或聚集成群。细胞球形或椭圆形。色素体 1 个，周生，杯状或片状。蛋白核 1 个或无（图 1）。

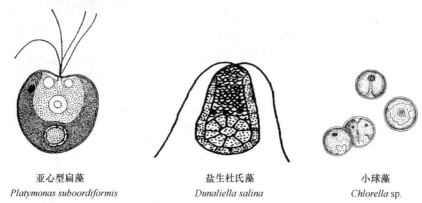

亚心型扁藻　　　　　　　盐生杜氏藻　　　　　　　小球藻
Platymonas suboordiformis　　*Dunaliella salina*　　*Chlorella* sp.

图 1　亚心形扁藻、盐生杜氏藻和小球藻

（4）栅藻属（*Scenedesmus*）：植物体常由 4 ~ 8 个细胞或有时 2、16 ~ 32 个细胞组成定形群体。群体中的各细胞以其长轴互相平行，排列在一个平面上，互相平齐或交错。细胞纺锤形、卵形、长圆形或椭圆形等。每个细胞具 1 个周生色素体和 1 个蛋白核（图 2）。

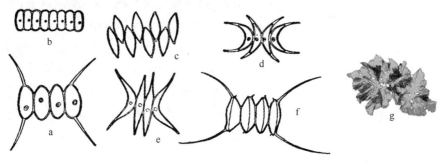

图 2　栅藻属

a：四尾栅藻（*S. quadricauda*）；b：双列栅藻（*S. bijugatus*）；c：斜生栅藻（*S. obliquus*）；
d：小细栅藻（*S. acuminatus*）；e：二形栅藻（*S. dimorphus*）；f：龙骨栅藻（*S. carinatus*）；g：石莼

（5）石莼属（*Ulva*）：藻体为多细胞的膜状体，呈宽叶片状或裂成许多小叶片，或者分枝，由 2 层细胞组成。藻体无柄，基部细胞向下延伸出假根丝，形成多年生固着器。叶片细胞单核，有 1 个片状或者杯形叶绿体，位于细胞外表面，内有 1 个到几个蛋白核。

（6）等鞭金藻属（*Isochrysis*）：单细胞，细胞裸露，2 条等长鞭毛在形态上相同，色素体 1 ~ 2 个，片状，呈金黄色，位于细胞两侧。常见球等鞭金藻（*Isochrysis galbana*）和湛江等鞭金藻（*Isochrysis zhanjiangensis*）。

（7）鱼鳞藻属（*Mallomonas*）：细胞圆柱形、椭圆形、纺锤形，种类不同鳞片形状排列也不同。全部鳞片或顶端鳞片上有一硅质长刺。色素体多2个，侧生。白糖体圆球形。位于细胞后端。

（8）棕鞭藻属（*Ochromonas*）：单细胞，顶生长短不一的两根鞭毛。细胞裸露，不具囊壳。多数表质柔软、平滑，少数表质硬，具瘤状突起（图3）。

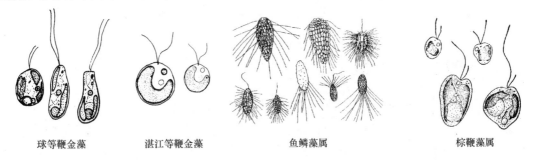

球等鞭金藻　　　　湛江等鞭金藻　　　　鱼鳞藻属　　　　棕鞭藻属

图3　等鞭金藻、鱼鳞藻和棕鞭藻

（9）圆筛藻属（*Coscinodiscus*）：细胞多呈圆盘状，壳面孔纹一般六角形。孔纹在壳面正中心，似玫瑰花朵排列，称中央玫瑰区。正中心有时有块小的无纹区称裂隙，较大时称中央无纹区。壳缘最外围孔纹间常有一圈小刺。色素体小而多，粒状或小片状，常分布在细胞四周较浓的原生质中。

（10）骨条藻属（*Skeletonema*）：细胞透镜形，圆柱形至球形。壳面着生1圈细刺与贯壳轴平行，并同相邻细胞的对应刺相连，组成直的长链。细胞间隙或长或短，壳面点纹细小，不易看见。

（11）盒形藻属（*Biddulphia*）：细胞形状像一袋面粉或近圆柱形，壳面一般呈椭圆形，两端有短突起，突起间有两个或多个短刺，突起的末端常有小型的真孔，能分泌胶质，使细胞连成直链或锯齿状群体。

（12）舟形藻属（*Navicula*）：细胞舟形至椭圆形，中部宽两端尖。壳面中线上有壳缝，能自由行动。纵轴最长，横轴短，壳环轴一般短于横轴，壳面花纹左右对称，一般都呈点纹。壳的中央有中央节，两端各有端节1个，均向壁内凸出，起加强硅质胞壁的作用。色素体每细胞2~4个。板状或块状。

（13）多甲藻属（*Peridinium*）：单细胞，球形、椭圆形或双锥形、卵形，罕为多角形，前端常成细而短的圆顶状，或突出成角状。细胞腹面略凹入。细胞中部环绕横沟，多数为左旋，也有为右旋或环状的，内有横鞭毛。腹面下壳具纵沟，内有纵鞭毛。横沟将植物体分为上、下壳，纵沟略上伸到上壳。色素体多数，颗粒状，呈黄、褐色（图4）。

（14）角藻属（*Ceratium*）：单细胞有时连成群体，细胞具一个顶角和2~3个底角。底角多向上弯曲。末端开口或封闭。横沟环状位于细胞中央。细胞腹面中央为斜方形的透明区。色素体黄褐色，多个，小颗粒状。细胞核1个。

（15）裙带菜属（*Undaria*）：植物体幼时为卵形或长叶片状，单条，在生长过程中逐渐羽状分裂，有隆起的中肋。孢子囊群生在柄部两侧延伸出褶皱状的孢子叶上。

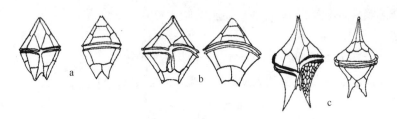

图 4 多甲藻

a：锥多甲藻（*P. conicum*）；b：五边多甲藻（*P. pentagonum*）；c：扁多甲藻（*P. depressum*）

（16）海带属（*Laminaria*）：藻体（孢子体）褐色，长达 1～4 m，膜状－单条或带状。分固着器、柄和带片 3 部分。固着器呈分枝的根状，把个体固定于岩石等基物上；柄粗短呈叶柄状；带片扁平，无中脉。柄和带片组织均分化为表皮、皮层和髓 3 个部分。细胞壁分两层，内层由纤维素组成，外层由褐藻胶组成（图 5）。

裙带菜　海带

图 5　裙带菜和海带

（17）紫菜属（*Porphyra*）：藻体薄膜叶状，深紫红色，或浅黄绿色。椭圆形、长盾形、圆形、披针形等。叶缘有皱褶，基部脐形、楔形、心脏形或圆形。基细胞向下延伸成为假根丝状而成固着器。

（18）江蓠属（*Gracilaria*）：藻体直立，单生或丛生，少数匍匐生长。枝圆柱形或扁平或叶状，分枝互生，二叉式或不规则分枝。基部有盘状固着器。分枝基部略缢缩，不缢缩或强烈缢缩成一小细柄。藻体呈红色、暗紫绿色或暗褐红色。软骨质或肥厚多汁，易折断。

（19）石花菜属（*Gelidium*）：藻体紫红色或棕红色。扁平直立，丛生呈羽状分枝，一般高 10～30 cm。

【作业与思考】

（1）绘制扁藻、盐藻、等鞭金藻、骨条藻、盒形藻、异胶藻的形态图。

（2）什么叫做藻类？藻类分为哪 11 个门？各门的主要特征是什么？

（3）哪两个门的藻类是海洋生态系中最主要的初级生产者？

（4）单细胞鞭毛藻是指哪几个门中带鞭毛能游动的单细胞藻类？

（5）什么叫赤潮？引发赤潮的原因是什么？主要引起赤潮的藻类有哪些？

（6）防治赤潮的主要方法途径是什么？

实验二 原生动物的形态观察

【实验目的】

通过观察各种自由生活的原生动物，了解原生动物门（Protozoa）的形态结构特征，和运动胞器的特征。

【实验原理和基础知识】

原生动物是动物界最低等的单细胞动物，或单细胞集合而成的群体，约 30 000 种。原生动物一般由单细胞构成，但作为完整有机体，它们同多细胞动物一样，有各种生命功能，诸如应激性、运动、呼吸、摄食、消化、排泄以及生殖等。细胞膜外常有保护性表膜或外壳，细胞质分内外两层，外质均匀透明，内质含代谢产物，不透明。细胞核常有大小两个，大核负责营养，小核负责生殖。运动胞器有鞭毛、纤毛、伪足等，是重要的分类依据。有些种类如眼虫，有色素体可以自养。

【材料与用具】

显微镜，各种原生动物新鲜与固定标本。

【方法与步骤】

分别取各种原生动物和轮虫标本，滴于载玻片上，置显微镜下观察。

1. 肉足虫纲（Sarcodina）

（1）变形虫目（Amoebida），变形虫属（*Amoeba*）：虫体形状多变，细胞裸露无外壳，仅有一很薄的原生质膜，伪足叶状无轴丝。细胞核通常 1 个。原生质分为外质和内质，外质透明均匀，内质有许多球形的颗粒，通常有一个伸缩泡。

（2）有孔虫目（Foraminifera），抱球虫属（*Globigerina*）：具有原生质分泌的物质形成外壳，通常由许多小室组成，每小室均有连接孔相通，是原生质相流通的孔道，故称之为有孔类。壳呈塔式螺旋状，小室圆形至卵圆形，辐射排列，壳壁石灰质，多孔性辐射结构，壳口在终室内缘，开向脐部。伪足细长，有黏性，能伸缩，相互交织成网状。

（3）放射虫目（Rodiolaria），等棘虫属（*Acanthometra*）：细胞质明显地分为内外质两层，之间由中央囊隔开，中央囊骨质，囊上有 1 个或多个小孔，使内外质能互相交换，内质有 1 个或多个核，外质含有很多大空泡和共生的藻类，并伸出细长的伪足。伪足具轴丝，辐射状排列于身体的周围。外壳硅质，壳面带有雕刻花纹。骨针等长，同形，中央囊球形或多角形，肌丝常为 16 条。

2. 纤毛虫纲（Ciliata）

1）全毛目（Holotricha）

草履虫属（*Paramoecium*）：虫体草履形，体表布满纤毛，以纤毛作为运动和摄食的胞器。细胞质明显地分内质和外质，细胞外质排列着 1 层刺丝泡，内质含有细胞核、食物泡、伸缩泡、色素粒和结晶粒。具 2 核，大核司营养，小核司生殖。胞口位于身体中部或较后部，口沟明显，长而深，沟内具发达的纤毛。体纤毛单一类型，均匀分布于体表，平行或螺旋排列，仅在口缘附近的纤毛较其他部位长，没有口缘纤毛带。

2）旋唇目（Spirotricha）

（1）筒壳虫属（*Tintinnidium*）：外壳由胶质或假几丁质组成，常附有沙粒、泥土等杂物。其是最常见的一类纤毛虫，通常称砂壳纤毛虫，体纤毛数减少，分布不均匀，口缘带为一具纤毛的螺旋状的口缘区。虫体呈圆锥形或喇叭状，藏在长圆筒形的外壳内，外壳上的砂粒比较粗且大小不一致。体 30～200 μm。

（2）似铃虫属（*Tintinnopsis*）：具外壳，钵状。壳上黏附的砂粒比较细小，排列整齐，壳前端有螺旋状环纹。壳口部位的砂粒常呈螺旋排列。

（3）类铃虫属（*Codonellopsis*）：壳呈壶状，壳口有一明显较高的领部。其宽度比壶部狭。领上一般有螺旋形条纹，壶部圆形或卵圆形，壳壁上有沙粒附着。

（4）游仆虫属（*euplotes*）：体多呈卵圆形、腹面扁平。背面多少突出，常有纵长隆起的肋条。强壮的纤毛分布限于腹面，背面有时有成行短小的感觉纤毛。口缘大，有非常发达的口缘带，形成宽阔的三角形。腹纤毛不排列成纵长行列，无侧缘纤毛。前纤毛 6～7根。腹纤毛 2～3 根，肛纤毛 5 根，尾纤毛 4 根，伸缩泡后位。大核 1 个呈长带状。

3）缘毛目（Peritricha）

（1）钟虫属（*Vorticella*）：体呈杯状，口沟环形，口纤毛非常发达，口缘常向外扩张而成唇带（由两列以上纤毛构成），左旋。身体其他部分常无纤毛。皮膜上有时具环纹。体后具柄，固着生活。柄分枝或不分枝，柄具肌丝能自由伸缩。

（2）单缩虫属（*Carchesium*）：体形与钟虫相似，群体生活，群体柄有分枝，个体着生在柄的末端。柄内有肌丝，肌丝在柄的分枝处各不相连。因此，受刺激时，只有受到刺激的个体才收缩。

（3）聚缩虫属（*Zoothamnium*）：体形同单缩虫。但群体柄内肌丝在分枝处是相连的，因此受到刺激时所有个体都能同时收缩（图 1）。

【作业与思考】

（1）绘制草履虫、筒壳虫、似铃虫、类铃虫和钟虫形态图。

（2）原生动物为何具有普生性？

（3）营自由生活的原生动物的运动胞器有哪些？以纤毛虫为例，说明不同纤毛虫纤毛的分布特点。

（4）说说自养的原生动物的主要特点。

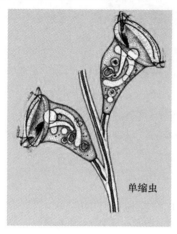

单缩虫

聚缩虫

图1　单缩虫和聚缩虫

实验三　轮虫的形态观察

【实验目的】

了解轮虫的基本形态结构特征。尤其是轮盘、咀嚼器和足的形态及运动方式。

【实验原理和基础知识】

轮虫是小型的多细胞动物。它已经具有 3 个胚层，但中胚层还未形成体腔，因此尽管其体型很小（体长通常只有 100～200 μm），但分类位置高于二胚层的腔肠动物，而低于三胚层具有真体腔的环节动物。构造复杂，具消化（咽部具复杂的咀嚼囊结构）、排泄（具焰茎球的原肾管）、生殖、神经（具脑、眼）等系统。头前方具布满纤毛的轮盘，它的不断运动，使虫体得以运动和摄食，形似转轮而得名。轮虫体呈圆形、扁平、袋状或蠕虫状。轮虫是水产养殖中重要的饵料。它平时只见雌体，行孤雌生殖，环境改变时，形成混交雌体，产生需精卵，形成雄体产生精子与之受精，从而形成休眠卵。休眠卵可以长时间保存，该特性使轮虫可以即用即得，成为方便使用的饵料生物。

轮虫的分类依据包括：咀嚼器和头冠的构造，卵巢成对与否，被甲的有无、形态构造，足的有无，足和趾的形状，附属肢的有无、数量，眼点有无、数目、位置等。

【材料与用具】

显微镜，各种轮虫的活体和固定标本。

【方法与步骤】

用吸管分别取各种轮虫活体和固定标本，滴于载玻片上，置显微镜下观察。

蛭态目（Bdelloidea）：体蠕虫形，假体节能像套筒式地收缩。咀嚼器枝型。卵巢成对。雄体从未发现过。本目种类多，大多分布于陆地及酸沼的苔藓植物上面。

轮虫属（Rotaria）：体细长。眼点 1 对，位于背触手前面的吻部。足端有三趾。喜生于富含有机质的小型水体，常附着于水生植物的茎、叶上。

单巢目（Monogononta）：卵巢 1 个，咀嚼器呈各种不同形式，但绝不是枝型，身体虽能伸缩变动，但绝不是蛭态目那样套筒式的伸缩。

（1）臂尾轮属（Brachionus）：具槌形的咀嚼器和须足轮虫头冠，被甲较宽阔，长度很少超过宽度。前端具 1～3 对棘刺，足不分节，具环纹，能伸缩摆动，足趾 1 对。被甲多呈方形，较宽阔，长度很少超过宽度，前端具有 1～3 对棘刺。以浮游为主，最常见。

（2）龟甲轮属（*Keratella*）：背甲隆起，腹甲扁平，背甲上龟纹。前端有 3 对棘刺，后端浑圆，或具有 1～2 个棘刺，无足。亦为典型的常见种类。

（3）晶囊轮属（*Asplanchna*）：体透明似灯泡，后端浑圆，无足。咀嚼器砧型，能伸出口外摄取食物后缩入体内。肠和肛门消失，食物残渣由口吐出。胎生。典型浮游种类，肉食性。

（4）疣毛轮属（*Synchaeta*）：体呈钟形或倒锥形。头冠宽阔，上有 4 根粗而长的刺毛，而"耳"突出显著，耳上纤毛特别发达。足不分节，趾很短小，1 对。为习见浮游种类，如龟甲轮虫（图 1）。

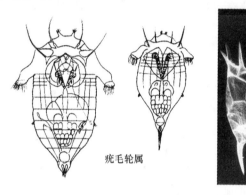

图 1　疣毛轮属

【作业与思考】

（1）绘制臂尾轮虫形态图。

（2）轮虫在生殖上的主要特点是什么？我们在水产养殖上怎样利用其特点？

（3）轮虫的轮盘和咀嚼器各有几种类型？

（4）轮虫的分类特征有哪些？

实验四　环节动物的观察

【实验目的】

通过实验观察海生环节动物门（Annelida）的分类特征，了解常见环节动物的形态结构特点，认识常见的海生环节动物种类。

【实验原理和基础知识】

环节动物身体两侧对称、三胚层，具次生体腔（真体腔），体腔按节由隔膜分成小室，裂体腔起源。体腔内充体腔液，有保持体型，运输物质的功能；身体多为同律分节，身体皮肤向外延伸形成疣足形式的附肢，大多具刚毛，具有运动呼吸与感觉功能；后肾排泄，闭管式循环，链式神经（由 1 对脑神经节，1 对围咽神经，咽下神经结和腹神经索组成。神经索由 2 条神经链合并而成，每体节都有 1 对神经节）。环节动物门体外有由表皮细胞分泌的角质膜，体壁和消化道壁有环肌和纵肌层。通常有几丁质的刚毛，按节排列。头部发达，有口前叶和围口节，多具能翻出的吻，上有大颚，用于捕食。海洋多毛类发育过程一般经过担轮幼虫期。有生殖态和异沙蚕体。

【材料与用具】

显微镜，解剖镜，放大镜，各种环节动物新鲜与浸制标本。

【方法与步骤】

1. 螠纲（Echiuroidea）

（1）刺螠科（Urchidae）单环刺螠（*Urechis unicinctus*）：俗名海肠、海肠子，体粗大，长 100 ~ 300 mm，宽 25 ~ 27 mm，体表满布大小不等的粒状突起，吻圆锥形；体前端腹面有腹刚毛 1 对，粗大；肛门周围有 1 圈 9 ~ 13 条褐色尾刚毛（图 1）。

（2）后螠科（bonelliidae）后螠（*bonellia*）：雌性异体异形，雄性退化，寄生在雌体体内或体外。吻末端分叉，体呈绿色。腹刚毛 1 对，无尾刚毛。

2. 星虫纲（Sipunculidea）

星虫属（*Sipunculus*）：体呈长圆柱形，不分节。分躯干和陷入吻两部分。吻通常很长，前端有口，口的周围具触手。吻表面有许多乳突，后部的比前部的大，吻可以缩入体内。体壁较厚，肌肉很发达，具明显的纵肌束和横肌束，两者互相交织成方格状。口周围

图 1   单环刺螠

有一环触手。陷入吻上没有小钩，其基部有收缩肌带 2 对。身体外部无乳突。如方格星虫（*S. nudus*），经济价值高，是渔业对象之一，为世界性种，我国南海产量最高。雌雄异体，外形相似（图 2）。

图 2   星虫

3. 多毛纲（Polychaeta）

（1）沙蚕科（Nereidae）沙蚕属（*Nereis*）：头部显著，口前叶具有触手和触须。身体一般细长，圆柱状或稍扁，分节明显，同律分节。每个体节有 1 对疣足，其上生具刚毛。分头部、躯干部和肛节 3 部分。口前叶明显，吻能翻出口外，其前端有 1～2 对发达的大颚，为捕食性的多毛类。

取沙蚕标本置于解剖盘内，仔细观察其头部，可发现其头部由口前叶和围口节两个主要部分组成。口前叶为伸于口前方的圆三角形或圆锥形肉质叶突，具 2 对简单的圆形眼，

1~2个前伸的头触手和其前端腹侧2个大的分节的触角（或称触柱）。围口节为一大的环状节，腹面具横长的口，其两侧具3~4对触须，肌肉质的吻可由口伸出，吻前端具1对几丁质大颚，吻表面平滑或具几丁质颚齿或软乳突（图3）。

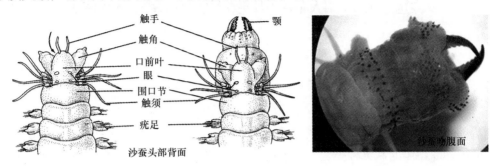

图3 沙蚕

躯干部有许多结构相似的体节，每个体节两侧具外伸的肉质扁平突起，即疣足。用镊子和剪刀将疣足解剖下来置解剖镜下观察，可见疣足为双叶型具内足刺，外有刺状或镰状复型刚毛（多毛类的刚毛类型和数量是重要的分类依据；尾部为体最后1节或数节，亦称肛节，具1对肛须、肛门开口于肛节末端背面。

（2）矶沙蚕科（Eunicidae）岩虫属（*Marphysa*）：身体细长，背须转变为鳃（大部分种类体前端的疣足有由背须转变而成的分枝状鳃）。鳃丝自20节开始，有4~5个分支。口前触手5根，触柱2根，背面2个眼长于触手的基部。围口节由2节组成，无围口触手。吻部有复杂的颚。常具1个自制的革质管子。体呈金属色彩。

【作业与思考】

（1）绘制沙蚕形态图，以及头部，疣足，刚毛图。

（2）环节动物的主要特征有哪些？

（3）海生多毛类的生态学意义怎样？

实验五 软体动物的观察（一）

【实验目的】

通过参观贝类标本馆，对照贝壳标签和检索表，认识腹足纲（Gastropoda）和瓣鳃纲（Lamellibranchia）中的常见种类。通过观察活体贝类标本，掌握这两类软体动物贝壳和软体部的基本特征。

【实验原理和基础知识】

软体动物是动物界中的第二大门，具三胚层和混合体腔（真体腔——围心腔、生殖腔和排泄腔与广泛存在于器官间的假体腔共存）。身体柔软，一般左右对称，某些种类由于扭转、屈折，而呈各种奇特的形态。身体不分节，通常分头、足、内脏囊（躯干部）、外套膜和贝壳五部分。也有足退化的。外层皮肤自背部折皱成外套，将身体包围，并分泌保护用的石灰质介壳。呼吸用的鳃生于外套与身体间的腔内。除瓣鳃类外，口腔内都有颚片或齿舌。神经系统退化为神经节和神经索。由4对主要神经节（脑、足、侧、脏）和节间的神经索组成，其简化，与不活泼运动有关。软体动物门主要分7个纲，其中常见且广泛开展水产养殖的种类为瓣鳃纲，腹足纲和头足纲。本节主要观察前两个纲的软体动物。

【材料与用具】

（1）参观贝类标本馆，参照检索表认识常见的瓣鳃纲和腹足纲软体动物；
（2）显微镜、放大镜；
（3）活体瓣鳃纲和腹足纲软体动物标本。

【方法与步骤】

1. 腹足纲贝壳观察

壳顶：螺旋部最顶端。
壳口：体螺层基部的开口。
螺旋部：贝壳旋转的部分，容纳内脏块的部位。
体螺层：贝壳基部膨大部分，容纳足部和头部。
贝壳方位的确定：壳口朝下，壳顶向着观察者，则向着观察者的一方为后方，其相反的一方为前方，壳口所在的一面为腹面，相反的一面为背面，贝壳位于观察者左方的一侧为左侧，位于右方的一侧为右侧。

壳高：壳口底部至壳顶之距离。

2. 瓣鳃纲贝壳观察

壳顶：贝壳背面中央的突起（图1）。

铰合部：左右两片贝壳在背面相连的部分。

铰合齿：位于铰合部之齿状结构。

放射肋：以壳顶为起点向腹缘生出的放射状条纹。

生长线：以壳顶为中心呈环状排列的条纹。

壳耳：壳顶前后两侧之耳状突起。

闭壳肌痕：贝壳内面由闭壳肌附着留下之痕迹。

外套痕：贝壳内面由外套环肌附着留下之痕迹。

外套窦：贝壳内面由水管肌附着留下之痕迹。

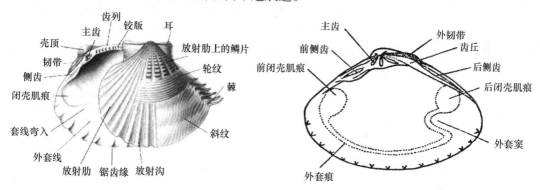

图1 瓣鳃纲贝壳示意图

贝壳方位的确定：

（1）壳顶尖通常是向前方倾斜的。

（2）由壳顶到前端的距离通常比后端短。

（3）有外韧带的一端为后端。

（4）有外套窦的一端亦为后端。

（5）具1个闭壳肌的种类，闭壳肌所在的一侧为后端。

将壳顶向上，壳的前端向前，左侧者为左壳，右侧者为右壳。

3. 参观标本馆主要熟记以下种类（主要为海产）

1）腹足纲（Gastropoda）

原始腹足目（Archaeogastropoda）

（1）鲍科（Haliotidae）杂色鲍（*Haliotis diversicolor*）：壳卵圆形，质坚实。螺层约3层。螺旋部小，呈乳头状。壳面较平，被1条带有20余个突起，其中7~9个开孔组成的螺肋分成左右两部。壳口大，外唇薄，呈刀刃状；内唇有狭长片状的遮缘。无厣。

（2）马蹄螺科（Trochidae）马蹄螺属（*Trochus*）：贝壳圆锥形，基部极扁平，壳口斜马蹄形，外唇薄而简单；内唇厚，略扭成 s 形，端部具齿。脐漏斗状。

中腹足目（Mesogastropoda）

（1）锥螺科（Turritellidae）锥螺属（*Turritella*）：壳极高，螺层数多，壳顶尖。呈尖锥形，壳口圆形，壳表有螺旋纹和肋。无脐。厣角质。缝合线深。

（2）凤螺科（Strombidae）蜘蛛螺属（*Lambis*）：体螺层大，螺旋部低，贝壳结实。壳口狭长，外唇极度扩张并生出棘状突起。如水字螺（*L. chiragra*）外唇生出 6 条匀称的长棘状突起，略呈"水"字形。蜘蛛螺则伸出 7 条长棘状突起。

（3）宝贝科（Cypraeidae）宝贝属（*Cypraea*）：壳卵形，下方扁平。体螺层极大。螺旋部被珐琅质所遮盖。壳表光滑，壳口两边具齿。

（4）冠螺科（Cassidae）冠螺属（*Cassis*）：壳坚固，体螺层很大。内、外唇扩张，前沟短而扭曲。

（5）鹑螺科（Doliidae）鹑螺属（*Dolium*）：贝壳呈球形，质薄，壳顶尖，缝合线深。外唇薄，随壳面的横肋而屈曲，呈锯齿状。

（6）嵌线螺科（Cymatiidae）法螺属（*Charonia*）：壳大型，高约 40 cm，缝合线处具链状肋。如法螺（*C. tritonis*）壳可吹奏，似号角。

（7）玉螺科（Naticidae）玉螺属（*Natice*）：螺层为 5 层。每层的壳面稍隆起，缝合线深。螺旋部短，体螺层膨大，表面光滑无肋。壳口边缘完整，厣石灰质。

（8）蟹守螺科（Cerithiidae）蟹守螺属（*Cerithium*）：贝壳呈长锥形，壳顶尖，壳面具环肋和结节，体螺层左侧膨胀，其基部收缩。壳口前沟长，伸向背方，后沟呈缺刻状，外唇扩张。

狭舌目（Stenoglossa）

（1）骨螺科（Muricidae）红螺属（*Rapana*）：壳大而坚厚，略呈方形。壳面具环肋，肋上生等距离的短棘。螺层 6 层，壳口呈杏红色。

（2）盔螺科（Galeodidae）角螺属（*Hemifusus*）：贝壳呈长梨形，大而壳质坚厚，前后端尖。螺旋部锥形，每层中部扩张形成肩角，上有强棘；体螺层中部膨大，前端尖长。壳面被 1 层黄褐色的外皮，上生绒毛。外唇厚，内唇薄，前沟长。

（3）涡螺科（Volutidae）瓜螺属（*Cymbium*）：贝壳大型，短小的螺旋部，多为极膨大的体螺层包被，壳面较光滑。壳口大，呈卵圆形，外唇弓形，薄，内唇扭曲，贴附于体螺层上，下部具 4 条扭曲褶臂，前沟短而宽，向内凹入成 1 个很大的缺刻。

（4）芋螺科（Conidae）芋螺属（*Conus*）：壳呈纺锤形，质坚厚，体螺层大。壳口狭长，外唇边缘薄，前沟宽而短。厣角质。贝壳表面光滑，有些种类体内有毒腺。

2）瓣鳃纲（Lamellibranchia）

翼形亚纲（Pterimorphia）

（1）蚶目（Arcoida）泥蚶属（*Tegillarca*）：壳极坚厚，膨胀。壳面具 18～21 条放射肋，肋上具显著的颗粒状结节。铰合部直，具多数齿排成一列。

（2）贻贝目（Mytiloida）。

a. 贻贝属（*Mytilus*）：壳呈楔形、腹缘直。背缘与腹缘构成 30°角，背缘后半部呈弧形。

b. 江珧属（*Atrina*）：贝壳大型，壳顶尖细，后端宽广，略呈三角形。壳薄而脆，壳面具放射肋。

（3）珍珠贝目（Ptertioida）。

a. 珠母贝属（*Pinctada*）：壳斜四方形，壳顶位于中部靠前端。背缘平直腹缘圆。壳内面珍珠层厚，光泽强，可产珍珠。

b. 扇贝属（*Pecten*）：两壳不等，前后壳耳近相等，无特殊的足丝孔。

c. 日月贝属（*Amussium*）：两壳近等大，圆形，具足丝。左壳红色，如太阳；右壳白色，如月亮，故称日月贝。

d. 牡蛎属（*Ostrea*）：贝壳中、大型，形状不一，左壳面具粗的放射肋，右壳面成鳞片板状，内面白色或略带紫色，绞合部前后缘有刻纹。

古异齿亚纲（Palaeoheterodonta）

蚌目（Unionoida）三角帆蚌（*Hyriopsis cumingii*）：壳大型，扁平，壳质坚厚。后背缘向上突起形成帆状后翼，铰合部拟主齿左右各2枚，侧齿左壳2枚，右壳1枚。生产淡水珍珠。

异齿亚纲（Heterodonta）

帘蛤目（Veneroida）

a. 文蛤属（*Meretrix*）：壳近三角形，质坚厚，壳面光滑，在壳顶近背缘有许多带锯齿状或波纹状的褐色花纹。

b. 青蛤属（*Cyclina*）：壳近圆形，壳顶较高尖端向前。壳面生长纹清楚，壳内面边缘具有整齐的小齿，近背缘稀、大。

c. 砗磲属（*Tridacna*）：贝壳极大，重厚，两壳不能完全闭合。放射肋极粗，壳缘有大的缺刻。铰合部主齿2枚，侧齿1～2枚。

d. 缢蛏属（*Stinonovacula*）：壳长筒形，质薄。主齿左壳3枚，右壳2枚。从壳顶至腹缘中央有一斜沟。

异韧带亚纲（Anomalodesmata）

笋螂目（Pholdomyoida）鸭嘴蛤属（*Laternula*）：壳薄而近半透明，右壳比左壳大，后方常开口，壳顶有裂缝。匙状槽基部有一斜条状隔片，游离的石灰质片呈"V"字形。

【作业与思考】

（1）分别以圆田螺和文蛤为例绘制腹足纲和瓣鳃纲贝壳方位形态图。

（2）分纲目记录标本馆中瓣鳃纲和腹足纲各20种的种名及分类位置。

（3）软体动物的主要特征是什么？其具有哪些主要的纲？

（4）瓣鳃纲和腹足纲的主要特点分别是什么？思考一下，这两个纲哪个在进化上更高等？并说明理由。

实验六　软体动物的观察（二）

【实验目的】

通过实验，了解软体动物门头足纲（Cephalopoda）的基本特征，认识其常见的种类。

【实验原理和基础知识】

头足类是重要的渔业资源。具发达的足，环生于头部前方，故名。全海产，在海洋中作快速长距离游泳。体由头部、足部、胴部组成。头足类具有强的运动能力和无脊椎动物最发达的神经系统，头部有发达的脑，1 对大眼。足分两部分，环列于头前的腕和头腹侧的漏斗。除原始的鹦鹉螺具外壳，大多为内壳或完全退化。头足纲除了四鳃亚纲的鹦鹉螺之外，主要为二鳃亚纲的种类。二鳃亚纲分为 3 个目，特征比较见表 1。

表1　二鳃亚纲 3 个目的特征

特点	枪形目（Teuthoidea）	乌贼目（Sepiodea）	八腕目（Octopoda）
俗名	鱿鱼	墨鱼	章鱼
胴部	狭长呈锥形	宽短袋状	近卵圆形
腕数目	10 只	10 只	8 只
肉鳍	端鳍	周型鳍或中型鳍	退化或中型鳍
腕吸盘	2 行，有柄	4 行，有柄	1 或 2 行，无柄
触腕穗吸盘	4 行	数行至数十行	无触腕
内壳	角质	石灰质	退化

头足类多为掠食性动物，靠触腕捕食。惊恐时漏斗排出墨囊腔中积蓄的墨液，借以避敌。此外还可以做饵料以及药用。

【材料与用具】

（1）显微镜，放大镜。
（2）各种软体动物头足纲动物的活体和浸制标本。

【方法与步骤】

一、头足纲的形态观察

头足类的身体包括头部、足部和胴部。以口的一端为前面，反口的一端为后面，有漏斗的一面为腹面，无漏斗的一面为背面。

头部：略呈圆球形，顶部中央有口，口周有足，称腕。口周围有口膜，与腕基部相连。头两侧为1对眼，眼后1对小凹陷为嗅觉腺。头腹面有一凹陷为漏斗贴附处，称漏斗陷。

足部：包括腕和漏斗两个部分。腕通常呈放射状。排列在头前口的周围。一般基部粗大，顶端尖细。内侧生有吸盘，或有须毛和钩。腕的数目，四鳃亚纲的鹦鹉螺约有数十个腕；二鳃亚纲八腕目，腕是8个；而枪形目和乌贼目腕是10个，多了2个专门捕捉食物的触腕。二鳃亚纲的腕都是左右对称的，除2个触腕外，8只腕自背向腹面对称排列，为4对。背面正中的两只为第一对（也称背腕），依次为第二对、第三对（也称侧腕）。腹面两只为第四对（也称腹腕）。

生殖腕：二鳃亚纲雄性个体的8或10只腕中，有1只或1对腕茎化成生殖腕，是用来输送精子的。八腕目通常为右侧第三腕茎化，枪形目和乌贼目一般为左侧第四腕茎化。茎化腕有的长短缩小。有的碗一侧的膜特别加厚而起皱褶，形成直通腕顶端的精液沟，有时腕的部分吸盘缩小或变为肉刺，或在腕的末端形成1个舌状端器。茎化部分在腕的顶端或在基部，还有的是全腕。

触腕：乌贼目和枪形目中，位于第三、四对腕间。通常比较狭长，可以完全缩入基部的触腕囊内，触腕常具1个很长的柄，顶端呈舌状. 称触腕穗，内面生吸盘。

吸盘：腕和触腕的内面部生有吸盘。主要用来吸附外物。八腕目的吸盘为简单环状的肌肉盘，在腕上排列成1行或2行。枪形目和乌贼目的吸盘通常2行或4行，触腕则4～20行。吸盘构造比较复杂，球形或半球形，口周有肌肉，口内为一空腔，腔壁有角质环。

漏斗：由足特化而来。贴附在头部腹面的漏斗陷。它不仅是主要的运动工具，而且是排泄物，生殖产物和墨汁排出的通道。

外套膜：一般呈袋形，又称胴部。外套的肌肉很发达。近海种类胴部较短，呈球形。如章鱼，远海和深海生活的种类则较长，常呈锥形，如枪乌贼、柔鱼。枪形目和乌贼目中，胴部两侧和后部，常有由皮肤扩张而形成的肉鳍。

贝壳：螺旋状外壳仅在四鳃亚纲中的鹦鹉螺具有，它在1个平面上旋转。内壳在二鳃亚纲枪形目和乌贼目的大部分种类具有。可分成石灰质和角质两种。乌贼目的石灰质内壳较发达，称海螵蛸，中空，结构复杂。枪形目的角质内壳薄而透明，中央为一纵肋，两侧有细的放射肋。八腕目没有真正的内壳，章鱼有2个小侧针，在背表皮中线下两侧。

二、观察头足类标本

1. 枪形目（Teuthoidea）

（1）褶柔鱼属（*Todarodes*）：胴部圆锥形，末端尖细。菱形端鳍短小，短于胴长的

1/3。眼外不具角膜。雄右侧第四腕茎化。内壳角质、狭条形，后端具有一纵菱形的尾椎。

（2）枪乌贼属（*Loligo*）：中国枪乌贼（*L. chinensis*），眼眶外具角膜，菱形端鳍较大，超过胴部2/3。雄性左侧第四腕茎化（图1）。

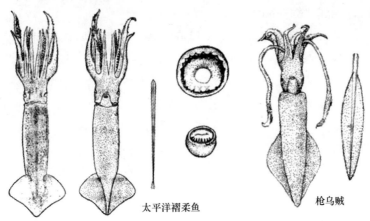

太平洋褶柔鱼　　　　　　　枪乌贼

图1　柔鱼和枪乌贼

（3）拟乌贼属（*Sepioteuthis*）：周鳍形，肉鳍几乎包被胴部的全缘，两鳍相连，呈椭圆形。

2. 乌贼目（Sepiodea）

（1）乌贼属（*Sepia*）：金乌贼（*S. esculenta*）胴腹后缘具骨针，胴背具条斑，为凶猛的肉食性种类。

（2）无针乌贼属（*Sepiella*）：曼氏无针乌贼（*S. maindroni*）胴腹后端无骨针，具腺孔，胴背有近椭圆形的白花斑。肉鳍前狭后宽大，末端分离。

（3）耳乌贼属（*Sepiola*）：胴部短，后端圆。中鳍型，右侧第一腕茎化，有发光器，腕吸盘2行。

3. 八腕目（Octopoda）

蛸属（章鱼）（*Octopus*）：短蛸（*O. ocellatus*），体短小，腕短，各腕长度近相等。胴部表面粒状突起密集。眼睛前方具1对金圈。长蛸（*O. variabilis*），腕长短不一，通常1 > 2 > 3 > 4，胴部光滑。无金圈。

【作业与思考】

（1）头足纲的主要特点是什么？其中主要的种类有哪些？

（2）以头足纲为例，说说动物的运动能力与其神经系统、消化呼吸系统结构的关系。

（3）绘制枪乌贼、金乌贼和短蛸外形图。

实验七　甲壳动物的观察（一）

【实验目的】

通过实验，观察鳃足亚纲（Branchiopoda）和桡足亚纲（Copepoda）的代表种类以及它们身体形态、分节、分部和附肢的特征，从而了解节肢动物门甲壳纲（Crustacea）中低等种类的主要特征。

【实验原理和基础知识】

甲壳纲属于较原始的节肢动物，体表都包被一层较坚硬的甲壳。身体分头、胸和腹三部分。头与胸部体节有愈合现象。每节 1 对附肢。头部具 5 对附肢：a1、a2、m、mx1、mx2 分别称为触角、大颚、小颚。胸部附肢（p），低等种类常同形，数目变化大（说明体节数目不定），高等种类通常 8 对，前 3 对为颚足，后 5 对运动、呼吸功能。腹部附肢（pl），低等种类缺，高等种类扁平如桨，称游泳足。♀具抱卵功能，♂ 第 1、2 对内肢呈交接器。该纲分为 5 个亚纲，其中较低等的鳃足和桡足亚纲包含有水产养殖中广泛使用的重要的饵料生物。

鳃足亚纲无甲目（Anostraca）卤虫科（Artemiidae）胸部 11 节，每节具 1 对足，腹部 4－1－9 节，末节很长。a1 退化不分节，雄性 a2 2 节，第 2 节基部与头愈合，第 2 节斧状。无触角附肢。胸肢扁平叶状，数目变化很大，无明显的储精囊。仅一属卤虫属（Artemia）是重要的饵料生物。枝角目（Cladocera）通称溞，是小型浮游甲壳动物。营养价值高，也是重要的鱼类饵料生物。枝角目种类体侧扁，体由卵形壳瓣包被。体节不明显。头具黑色复眼。a2 发达，双肢型，枝角状，游泳功能。其形态和刚毛式是主要分类依据。

桡足亚纲是中小型甲壳动物，分布广，数量多，良好的饵料生物。其主要特征则为：体呈圆筒形，分节明显，体躯由 11 节组成，头胸部 6 节，腹部 5 节。一般头胸部较宽，腹部较狭，身体上具有 1 个可弯曲的活动关节。a1 比较发达常为运动和执握器官，a2 双肢型，胸肢 6 对：第 1 对为颚足 mxp，前 4 对 p1～4 为双肢型，p5 常退化雌雄异形，为重要分类依据。腹部不具腹肢。

【材料与用具】

显微镜，解剖镜，鳃足类与桡足类固定标本。

【方法与步骤】

（1）用吸管取枝角类和桡足类固定标本置显微镜下，仔细观察其身体形态、分节和分部的情况。

（2）在解剖镜下以解剖针分别解下枝角类的 a2 和桡足类的 a1、m、mxp，p1～4 任一个和 p5，置显微镜下观察。

鳃足亚纲（Branchiopoda）

1）枝角目（Cladocera）

（1）圆囊溞科（Podonidae）：圆囊溞属（*Podon*），壳瓣形成孵育囊，不包被头部及胸肢。体短，头大，复眼也大。尾突稍长于尾刚毛。海水产。具颈沟，壳瓣圆，呈囊形，育室半圆形。三角溞属（*Evadne*），体呈三角形，吻短而钝，无颈沟，育室锥形。

（2）仙达溞科（Sididae）：尖头溞属（*Penilia*），头大，颈沟明显。第一触角能动；第二触角粗大，双肢，上具多数游泳刚毛。胸肢 6 对，叶状。额角尖细。尾爪细长，具 2 个基刺。a2 刚毛序式为 2－6/1－4。分布于海洋。秀体溞属（*Diaphanosoma*），额顶浑圆，无吻，有颈沟。a2 强大，刚毛序式为 4－8/0－1－4。后腹部小，无肛刺。爪刺 3 个。

2）无甲目（Anostraca）

卤虫科（Artemiidae）：卤虫属（*Artemia*），无头胸甲，头部具成对有柄复眼。体延长，分节清楚。胸肢扁平叶状 11 对，都位于生殖孔前方，生殖孔（位于腹 1 节）后方为腹部，腹部 8～9 节。♂ a2 2 节，第 2 节斧状。

桡足亚纲（Copepoda）

1）哲水蚤目（Calanoida）

（1）哲水蚤科（Calanidae）：哲水蚤属（*Calanus*），中型桡足类，a1 雌 25 节，雄 24节，右侧变为执握器；长度超过尾叉，末 2 节有 2 条羽状长刚毛。胸足的内、外肢均 3节；p5 未变形，雌的似前 4 对，雄的左足外肢比右足稍长。末胸节后侧角圆钝。p5 基节内缘具锯齿，雄的左足比右足大。

（2）伪镖水蚤科（Pseudodiaptomidae）：许水蚤属（*Schmackeria*），小型桡足类。胸部后侧角圆钝，常有数根刚毛。腹部雌性 4 节，生殖节膨大，不对称。雄性 5 节。第 4 胸足的内外肢均 3 节。p5 雌性单肢型，对称，第 3 节较短；最末端的棘刺长而锐，雄性单肢不对称，左侧底节内缘向后方伸出一长而弯的镰刀状或腿状的突起。雌性携带左右不对称的卵囊。

2）剑水蚤目（Cyclopoida）

（1）长腹剑水蚤科（Oithonidae）：长腹剑水蚤属（*Oithona*），小型桡足类，体细长，前后两部分界明显，前体部 5 节；后体部雌性 5 节、雄性 6 节。生殖孔位于第 2 节。后体部狭长，雄性第一触角短粗；第二触角外肢消失。第 1～4 胸足外肢皆 3 节；第 5 胸足退化，只有 2 根刺毛，尾叉对称。

（2）大眼剑水蚤科（Corycaeidae）：大眼剑水蚤属（*Corycaeus*），小型桡足类，前后体

118

部分界明显，前体部呈长椭圆形。头部前端有 1 对发达的晶体。第 3、4 胸节常愈合，有明显的后侧角。后体部较短，1～2 节。第一触角短小；第二触角发达。第 1－3 胸足内、外肢各 3 节；第 4 胸足内肢退化，外肢 3 节；第 5 胸足消失，仅留下 2 根刺毛。

3）猛水蚤目（Harpactioid）

同相猛水蚤科（Ectinosomidae）：小星猛水蚤属（*Microsetella*），体较细长，尾叉末端具 2 根发达的刚毛。额角弯向腹面呈喙状。a1 雌 5 节，雄 6 节，执握状，前 4 对胸足内外肢 3 节，内肢长于外肢。p5 退化，两性异型。

附肢。

a1：位于头两侧，单肢型，25 节，末 2、3 节具 1 根羽状刚毛。雌体常有一侧或两侧形成执握肢。

a2：短粗，双肢型，基肢 2 节，内肢 2 节，外肢 7 节。

m：双肢型，基节为几丁质板，向口一侧锯齿状为咀嚼缘。内肢 2 节，外肢 5 节。

mx1：叶片状，双肢型。基肢发达。滤食种类刚毛发达。

mx2：叶片状，单肢型。内肢 2 节，无外肢。刚毛网状．以搜集食饵。

mxp 单肢型，无外肢，基肢粗壮，内肢 5 节。滤食者刚毛发达，捕食者具刺。

pi～4：双肢型，结构相似，基肢 2 节，内外肢皆 3 节。内缘生刚毛，外缘生刺。游泳功能。

p5：常左右不对称或雌雄有差异。雌较退化。是重要的分类依据。

【作业与思考】

（1）绘制枝角目溞属（*Daphnia*）外形图及其 a2 图，写出其刚毛序式。

（2）绘制桡足亚纲哲水蚤外形图及其 a1、m、mxp、p14、p5 图。

（3）鳃足亚纲附肢的主要特征是什么？说出其中主要的饵料生物种类。

（4）鳃足亚纲的枝角目和无甲目种类具有怎样的生殖特性，使其成为即用即得的优良饵料生物？

（5）桡足亚纲身体分节与分部的特点是什么？其营浮游生活的 3 个目是什么？列表比较 3 个目的主要特征。

实验八　甲壳动物的观察（二）

【实验目的】

通过实验，观察高等甲壳动物软件亚纲（Malacostraca）中重要种类的外形，身体分节、分部以及附肢的形态特征，认识软甲亚纲中的代表种类。

【实验原理和基础知识】

软甲亚纲是甲壳动物中较高等的一个类群。数量最多，种类最多，经济价值也最大。其主要特征为：头胸甲有或无，形状变化很大。复眼成对，有的退化消失。体节固定 20 节，头 5 胸 8 腹 7。除尾节外，每节 1 对附肢。生殖孔♀于第 6 胸节，♂于第 8 胸节。a1 双肢型，柄 + 鞭。m 发达，咀嚼齿有犬齿、臼齿和切齿之分，内肢特化为大颚须；胸肢 p 8 对，腹肢 pl 5 对。发育多经变态，初孵化为无节幼体或原溞状幼体期。

软甲亚纲共分 13 目，常见 7 目。

【材料与用具】

显微镜，解剖镜，各种软甲亚纲甲壳动物标本。

【方法与步骤】

取各种软甲亚纲动物新鲜或固定标本，用肉眼仔细观察其外部形态，身体分部、分节，头胸甲和尾部形态；解剖各部附肢置于显微镜或解剖镜下观察。

一、口足目（Stomatopoda）

虾蛄科（Squillidae）口虾蛄属（Oratosquilla），额角片状，能自由活动。头胸甲短小，不能覆盖胸部后端 4 个体节。体扁平，腹部平扁，尾节甚短，平扁宽大。末缘有强棘。体背有数对纵脊。a1：柄细长，末具 3 鞭，其中外鞭 2 枝。a2：双肢，外肢鳞片状。m：切、臼齿都具齿状突起，mx2：片状，4 节。p1 ~ 5：单肢，为颚足，6 节，末 2 节钳状。p6 ~ 8：步足，细弱，双肢（原肢 3 节，内肢 2 节，外肢 1 节）。pl：薄片状，双肢型。♂ pl 1 为交接器，外肢上有丝状鳃，形状相似。

二、糠虾目（Mysidacea）

糠虾科（Mysidae），形似高等虾类。头胸甲前端具一较短的额角，有一很明显的颈沟，1 对有柄的复眼。头胸甲不能覆盖头胸部所有体节，末 1 ~ 2 胸节露于甲外。腹部 6 节，第 6 腹节较长。腹节的侧甲一般退化，尾节末端形状是分类依据。

a1 双肢，3 节柄 + 2 鞭。a2 鳞片发达。胸肢 p 外肢发达，末端刚毛发达，游泳功能。有的 p1 或 p1 ~ 2 内肢短宽弯曲为颚足，p3 ~ 8 步足。腹肢常退化失去游泳能力，♂ 双肢，基部有的具假鳃。尾肢片状 + 尾节→尾扇，尾肢的内肢基部有 1 个平衡囊。♀ 胸部附肢间有宽大的甲片——孵卵片→育卵囊，卵于其中发育。

三、磷虾目（Euphausiacea）

磷虾属（*Euphausia*），全海产，全浮游，大多数 10 ~ 40 mm 体长，是营养价值极高的饵料。头胸甲发达，包被头胸部外侧。具柄复眼 1 对。前有额角，多不显著。腹部较长，7 节。侧甲明显尾节细长，末端甚尖，两侧有 1 对活动片状刺。

磷虾的附肢：a1 双肢，两鞭等长，柄 3 节。m 具触须。

p1 ~ 8 均双肢，形状相似。无颚足。外肢发达具羽状刚毛。游泳能力增强。无爬行机能。p8 或 p7 ~ 8 退化。

p l5 对，内外肢片状，边缘具羽状刚毛，游泳能力增强。

♂ p l1、2 内肢→交接器

尾肢双肢型，与尾节→尾扇。

鳃：指状足鳃。胸肢基节外侧，生出枝状物。p1→8 越来分枝越多。

发光器：眼柄基部 1 对，p2、p7 基部各 1 对，1 ~ 4 腹节腹甲中央各 1 个，共 10 个。球形，金黄色，微带红色。

四、十足目（Decapoda）

（1）游泳亚目（Natantia）对虾科（Penaeidae），体侧扁，略呈圆筒形。体分头胸部和腹部，腹部发达。体分 20 节，头胸部 13（5 + 8）节，腹部 7 节。头胸部外被头胸甲，腹部各节甲壳分离，能自由伸屈。头胸甲发达，完全包被头胸部的所有体节。mx2 外肢特别宽大，有助于呼吸。p：8 对，p1 ~ 3 为颚足，p4 ~ 8 为步足。鳃数多，生于胸肢的基部（不露在头胸甲外）。

对虾的附肢：a1：3 节柄 + 2 鞭，第一节外缘有柄刺。

a2：基肢 2 节，外肢宽扁鳞片状，内肢鞭状。

m：由切、臼齿和触须 3 部分构成。

mx1：2 片基肢和 1 片内肢构成。

mx2：2 片基肢，内肢细小。外肢发达，舟形薄片，又称颚舟片。

p：8 对，p1 ~ 3 为颚足，为辅助捕食功能。p4 ~ 8 为步足，为捕食和爬行器官，均由 7 节构成，即基肢 2 节，内肢 5 节，各节名称分别为：底节、基节、座节、长节、腕节、掌节、指节。前 2 ~ 3 对步足末端呈钳状。

pl：共 6 对，为主要的游泳器官。基肢 1 节。内、外肢各 1 节。边缘生羽状刚毛。plv1 ~ 5 称腹肢，雄性 pl 1 常变形为交接器。pl 6 称尾肢，其内外肢皆宽大，与尾节合称尾扇。

（2）爬行亚目（Reptantia）短尾派（Brachyura），短尾派为真正的蟹类。体多背腹扁平。

附肢：头部具 5 对附肢，a1 和 a2 短鞭或丝状，可在头前摆动。a2 的位置与基节的形状常为分类依据。

胸肢 8 对，前 3 对为颚足，与 m，mx1、mx2 组成口器，6 对附肢在口周依次从内到外排列。p4～p8 为步足，第 1 对钳状，称螯足，特别粗大。步足的基节与座节愈合。架于头前，御敌与助食功能。p5～p8 步行或游泳，为步足。p6 末端不呈钳状。

腹肢：雄仅 1～2 对，特化为交接器。雌 4 对。分别位于 2～5 腹节上。分内外 2 肢。其上生刚毛，黏附卵粒。

【作业与思考】

（1）绘制对虾外形图及其 a1、m、mx2、mxp、p4、pl 及尾肢图。

（2）对虾与短尾派蟹类是十足目中的主要种类，总结一下两者在体型、分节、分部及其附肢的主要异同点。

（3）甲壳纲的主要特征是什么？其具有哪些主要的种类？其中较高等的软甲亚纲的种类相比鳃足亚纲和桡足亚纲具有哪些高等的特征？

实验九　棘皮动物的观察

【实验目的】

通过实验，观察棘皮动物门（Echinodermata）的主要形态结构特征，认识该门中的重要种类的外形，腕，步带，间步带，管足，棘和刺等特征结构。认识该门的代表种类。

【实验原理和基础知识】

棘皮动物门属于后口动物（Deuterostomes，胚胎发育是原口发育为成体肛门），全部海洋底栖生活，从浅海到数千米的深海都有广泛分布。现存种类6 000多种，但化石种类多达20 000多种，从早寒武纪出现到整个古生代都很繁盛。体制多5辐射对称：身体分为10个带，其中5个辐部和5个间辐部，相间排列。辐部（步带）：有管足。海星、蛇尾延伸为自由活动的腕。间辐部（间步带）：无管足。海参、海胆的辐部和间辐部密切结合形成长筒形或半球形。管足是运动、呼吸和摄食器官。伸展性强，末端有的有吸盘，每辐一般4-1-4列，或无规则排列。蛇尾和海百合的管足变为触手，有真体腔，其一部分还形成特殊的水管系统。表皮下有由中胚层产生的骨骼（海胆的骨骼为石灰质板，海参为分散骨片海百合与蛇为椎骨状，海星的背板网状或复瓦状），并向外突出成棘（体表的棘和疣：海胆、海星和蛇尾体表的棘和疣全是内骨骼，外包表皮。海胆和海星还有各种叉棘。清洁、捕食和防御功能。海胆的球棘与嗅觉和平衡有关）。单独生活。喜食贝类，将肠吐出消化食物。再生能力强。

棘皮动物门分为海百合纲，海星纲，海参纲，海胆纲，蛇尾纲5个纲。

【材料与用具】

显微镜，放大镜，各种棘皮动物固定标本。

【方法与步骤】

取海星和海胆的固定标本，用肉眼和放大镜观察体形，口面和反口面，步带和间步带，筛板，管足以及表面的棘刺和皮鳃等各结构。

一、海星纲（Asteroidea）

体五角形，扁平星状。腕和盘的界限多不明显。口于腹面中央，膜质围口部，无齿。

口到各腕有 1 条敞开的步带沟，沟内 2~4 行管足。肛门小，于反口面近中央。反口面间辐部有 1 个圆形筛板。体壁石灰质骨板常结合为网状，复瓦状、铺石状。体外有棘、疣、颗粒、叉棘等。皮鳃：有的皮肤从骨板间伸出膜质的皮鳃。雌雄异体，体外受精。

1. 显带目（Phanerozonia）

槭海星属（Astropecten）：缘板大而明显，上有大棘。腕 5 个短而宽。

2. 有棘目（Spinulosa）

海燕属（Asterinieae）：体近五角形，反口面隆起，边缘薄，缘板小而不显著。口板小，不呈铲状，步带沟狭窄。

3. 钳棘目（Forcipulata）

海盘车属（Asterias）：缘板不明显，具有典型的钳棘，反口面的棘突分散。管足 2 行或 4 行，无吸盘。背骨板不规则，网状排列。其上生小叉棘。

二、海胆纲（Echinoidea）

体多球形，半球形，管足发达。由顶系和步带与间步带构成的壳板。壳由多角形和规则排列的石灰质板构成。其上有疣，活动的棘。管足 10 纵列，从壳板上的孔伸出。壳板分 3 组：第 1 组最大，20 行多角形的板。排列成 10 带。5 个有管足孔的为步带，无管足孔的为间步带，二者相间排列。第 2 组壳板位于背面中央——顶系，围肛部（围肛板组成）、5 个眼板（上各有 1 个眼孔，感觉，辐位）、5 个生殖板（各有 1 个生殖孔，其中 1 个多孔，兼筛板作用。间辐位）。第三组壳板在围口部，石灰质口板或膜质构成。

棘的形状和大小变化很大，大中小棘分别坐落在大中小疣上。海胆类的叉棘也特别发达，这些在分类上有重要意义。

1. 拱齿目（Camarodonta）

（1）球海胆属（Strongylocentrotus）壳无刻肋。球形叉棘具长肌肉质颈部，只有 1 个端齿，无侧齿。大棘粗壮而多表面有纵条痕。每一步带板有 1 个大疣。

（2）马粪海胆属（Hemicentrotus），大棘短而细。

2. 楯形目（Clypeastroida）

饼干海胆属（Laganum），体扁平圆形，壳扁而薄。呈长五角星或为不规则的十角形。后 1 对间步带的边缘向内陷入，似一缺刻。围肛部在口面靠近壳的后端。

【作业与思考】

（1）绘制海星和海胆的口面和反口面图。

（2）棘皮动物是特殊的一类海洋动物，其主要结构特点有哪些？你认为其为什么特殊？

（3）棘皮动物分哪 5 个纲？每个纲的主要特征怎样？举出各纲中常见的种类。

实验十 浮游生物的定量——显微镜计数法

【实验目的】

通过实验，学习用显微镜计数法进行浮游生物定量的方法。

【实验原理和基础知识】

浮游生物及其生产力是水生态系统的重要成员与重要功能之一，是鱼类天然饵料的重要组成部分。由于浮游生物对环境的变化十分敏感，故在环境监测中，也有重要作用。

浮游生物的现存量，指的是某一瞬间单位水体中所存在的浮游生物的量。这个量有两种表示方法，一是用一般用 10^4 个/L 为单位表示称为密度，20 世纪 50、60 年代用之；二是用单位 mg/L 表示的现存量称为生物量（biomass）。70 年代以来被广泛使用。测定养殖水体的浮游生物量，是水产养殖过程中经常遇到的问题。因此本实验介绍水产养殖上常用的养殖水体浮游生物的采集、计数与定量方法。

【材料与用具】

采水器，烧杯，定量瓶，计数框，显微镜，定量吸管；
鲁哥液（Lugol's）液：碘化甲 2 g 及碘 1 g 溶于蒸馏水 100~200 mL；
福尔马林。

【方法与步骤】

本实验的第一步是要有代表性地采集养殖水体（池塘）的水样。通常采样宜于清晨太阳升起之前。根据池塘的形状，在池塘周围以及中央均匀设定采样点。圆形池塘通常根据其面积在周围均匀设定 6~10 个采样点，同时设法在中央设置数个采样点。方形与长方形池塘，通常在每个角和每个边均匀设置采样点，并在水体中央设置数个采样点。以保证水样中浮游生物的量能代表整个池塘的状况。采样时，浮游生物网应于水体表面以下 2 m 之内。

一、浮游植物定量

（1）采样和固定：一般用采水器或采水瓶根据水质肥瘦采取 10~50 L 水样混合后，先取出 500~1 000 mL 混合水样，并立即加入 Lugol's 液固定（每 1 000 mL 水样加入

15 mL 固定液)。

（2）沉淀和浓缩：用采水器采到的水样必须经过沉淀和浓缩方可保存。为此把水样摇匀后，倒入量杯或烧杯中静止沉淀。沉淀器应置于平稳处，避免振动。水样倾入 2 h 后应将沉淀器轻轻旋转一会儿，以减少藻类附着在器壁上。然后静置沉淀 24 ~ 48 h，再用细玻璃管利用虹吸原理小心地抽出上部不含藻类的清液，一般余下 20 ~ 40 mL 沉淀物转入 30 mL 或 50 mL 的定量瓶中，用上述清液冲洗沉淀器 2 ~ 3 次，洗液仍倒入定量瓶中使水量恰好达到 30 ~ 50 mL。然后贴上标签，标签上要记载采用时间、地点、采水量和样品号等。

虹吸动作要十分仔细、小心，开始时吸管一端放在沉淀器内的 2/3 处，另一端套接在已经用手挤压空气的橡皮球上，然后轻轻松手，并移开橡皮球，使清液流出。为了避免漂浮水面的一些微小藻类进入虹吸管而被吸走，管口应始终低于水面。虹吸管内清液的流动不宜过快，可用手指轻捏管壁以控制流量。当吸到原水样的一半以上时，应使清液一滴一滴地流下。吸出的清液要用洁净的器皿装盛，以便在浓缩过程中出现故障时，可重新将清液倒入沉淀器中沉淀浓缩，而不必重新采水。

水样浓缩倍数可按浮游植物密度确定。浮游植物密度高低可以从透明度中大致判断。

\> 100：浓缩 20 ~ 30 倍；

50 ~ 100：浓缩 10 ~ 20 倍；

30 ~ 50：浓缩 2 ~ 10 倍；

15 ~ 30：不浓缩；

\< 15：稀释。

（3）计数：使用具有 0.1 mL 刻度的定量吸管，容量为 0.1 mL 的计数框 [面积（20 × 20）mm^2] 和带推进器的显微镜。

计数前首先校正吸管，然后检查计数框是否合乎要求：以 0.1 mL 吸管吸水 0.1 mL 在方框内，盖上玻璃片。如果框内无气泡亦无水液溢出，即表示容量标准合适。检查 3 次均合适，此计数框即可使用（检查一遍即可长期使用）。每次计数的盖玻片应用碱水或肥皂水洗净备用，用前可浸入 70% 的酒精中，用时取出，用细绢拭净，计数框用前用薄绸布拭净，用毕以水弄湿后轻拭和用水冲净。

首先将定量瓶用左右平移的方式摇动 100 ~ 200 次，摇均匀后立即用 0.1 mL 吸管从中吸取 0.1 mL 水样置入 0.1 mL 计数框内。在 400 ~ 600 倍的显微镜下观察计数。每个水样标本计数两次（两片）。取平均值。一般每片计数 100 个视野，但具体观察的视野数以样品中浮游植物多少而酌情增减。如果平均每个视野有十几个时，数 50 个就够了；如果平均每个视野有 5 ~ 6 个时，就需数 100 个视野；如果平均每个视野不超过 1 ~ 2 个时，要数 200 个视野以上，或者数横条，最少不少于 5 条。总之不论哪种计数方式，每片计数到的浮游植物总数应在 300 个（低密度时）~ 500 个（高密度时）以上。

同一样品的两片计数结果与其均数之差距如果不大于其均数的 10%，这两个相近值的均数即可视为计数结果。如果超过此限值则应再计数 1 片，取 3 片的平均值。

计数过程中经常会遇到一些藻体的一部分在视野中，而另一部分在视野外，为此可规

126

定在视野上半圈者计数，下半圈者不计数。此外，计数的数量最好用细胞数表示，对不宜用细胞数表示的种类可计其群体或丝状体数，不要把超微型浮游植物当作杂物漏计。计数后的定量样品应保存下来以备检查。

1 L水中浮游植物个数 n 可按下式计算：

$$N = \frac{A}{an} \times \frac{\mu}{v} \times p$$

式中：A——计算框面积（mm^2）；

　　　a——每个视野面积（mm^2）；

　　　n——每片镜视的视野数；

　　　μ——1 L水样沉淀浓缩后的体积（mL）；

　　　v——计算框的容积（mL）；

　　　p——每片镜视计算出的各类浮游植物个数。

如果用同一显微镜和同样计算框，n、μ、v 不变，那么式中 $\frac{A}{an} \times \frac{\mu}{v}$ 可用常数 K 来代替，上式即简化为 $N = Kp$。

二、浮游动物定量

（1）采样和浓缩：各类浮游动物个体大小相差悬殊，在单位水体中的密度也差别很大。因此要用两种方法采样。原生动物、轮虫和无节幼体的计数采用已用过的浮游植物定量液，再经24 h沉淀再浓缩至10~20 mL，即可供定量使用。枝角类和桡足类则要用剩余的全部水样，用筛绢制的采集网过滤后浓缩成100 mL水洋，并加入福尔马林固定（每1 000 mL水样加入15 mL固定液）。枝角类和桡足类的网滤水样（100 mL）根据其动物密度大小，一般也要再经浓缩才便于计数。

（2）计数：原生动物、轮虫、无节幼体和大型浮游植物，可在低倍或中倍物镜下计数。镜视前先将定量水样充分摇匀，用定量吸管吸取0.1~0.5 mL水样注入相应容量的计数框中，计算全部个体。每份样品均需计算两片以上。如两片的结果与其均数的差距不超过10%，即可用此均数换算成每升水的数量作为计算结果。大型浮游植物可按同样方法与上述小型浮游动物同时计数。枝角类和桡足类等较大型浮游动物如果数量不多，可将全部定量水样在解剖镜下逐个计数；如果样品中数量很大，也可以将水样摇匀后，用较大吸管取出20%以上浓缩液置计算框中计算全片。鉴于大型动物沉淀较快，操作时必须十分敏捷，否则计数时误差很大。

1 L水中各类浮游动物计数（N）可按下式计算：

$$N = \frac{Vp}{Wc}$$

式中：V——水样沉淀浓缩后的体积；

　　　p——镜视各类浮游动物个数（3片平均）；

　　　W——采水样体积；

c——计算框的容积。

【作业与思考】

（1）记录采样、计数方法和计数结果，计算出所采水样中各类浮游生物的个数。

（2）在反映水体中浮游生物总量和指示肥水的质量方面存在怎样的问题？怎样改进定量方法才能解决这一问题？

（3）思考一下，如何用更简便的方法计算每升水样中浮游生物的个数？

（4）思考一下以显微镜计数法计算单位水体浮游生物数量的操作，其主要误差来自于哪里？怎样操作能尽量减少误差？

【参考文献】

陈雪芬，尹绍武，黎春红，等．2008．海洋生物综合实验室改革与建设研究．实验技术与管理，25：152-156.

江红霞．2009．农业院校水生生物学教学中学生学习主动性的培养．安徽农业科学，37：10310-10311.

梁象秋，方纪祖，杨和荃．1996．水生生物学．北京：中国农业出版社．

石耀华，顾志峰，王永强，等．2009．水产养殖学专业实践教学与应用型人才培养初探．湖南科技学院学报，30：77-79.

束蕴芳，韩茂森．1992．中国海洋浮游生物图谱．北京：海洋出版社．

赵文，魏杰，殷旭旺，等．2009．水生生物学精品课程中开设研究设计型实验的探讨．实验室科学，3：23-24.

《鱼类学》实验

实验一　鱼类的外部形态

【实验目的】

通过对不同体型鱼类的观察，了解鱼类体型的多样性以及体型与生活环境、生活习性的相互关系。

【实验原理和基本知识】

鱼类生活在水中，鱼类的体型、体表及外部器官都与水环境相适应，特定种类的鱼在体型上按照自身的生活方式向特定方向发展。由于各种鱼类栖息的环境和生活方式各不相同，所以出现了形态各式各样的鱼类。鱼类的体型虽然多种多样，但一般可分为头部、躯干部和尾部3部分。头部自吻端开始，它的后缘在无鳃盖的圆口类和板鳃类为最后1对鳃裂，在有鳃盖的硬骨鱼类为鳃盖骨的后缘。躯干部通常自头部以后至肛门或生殖孔的后缘，但有些鱼类（如鲽形目）肛门前移至身体前部，则躯干部以体腔末端或最前1枚具脉弓的尾椎为界。躯干部的后面为尾部。

鱼类的头部可分为若干部分。头的最前端到眼的前缘为吻部，眼后缘到最后1个鳃裂或鳃盖骨后缘为眼后头部，眼后下方到前鳃盖骨后缘为颊部，鳃盖骨后缘的皮褶为鳃盖膜，两鳃盖间的腹面为喉部，下颌左右齿骨在前方会合处为下颌联合，紧接在下颌联合后方的部分为颏部（或称颐部），颏部与喉部之间为峡部。

大多数鱼类的体型可以归纳为4种基本体型，分别为纺锤形（如罗非鱼、鲤、鲫、鲨等），侧扁形（如鲳鱼、蝴蝶鱼、鳊鱼、鲂、胭脂鱼等），平扁形（如魟、鳐、鮟鱇等），棍棒型（如黄鳝、鳗鲡、海鳗等）。此外，还有一些鱼类由于适应特殊的生活环境和生活方式，具有特殊的体型，例如海马、海龙、翻车鱼、河鲀、牙鲆、箱鲀等（图1）。

【材料与用具】

一、实验器材

镊子，分规，直尺，解剖盘等。

二、实验材料

尖头斜齿鲨，鲤，罗非鱼，团头鲂，卵形鲳鲹，鮟鱇，鳗鲡，牙鲆，海马。

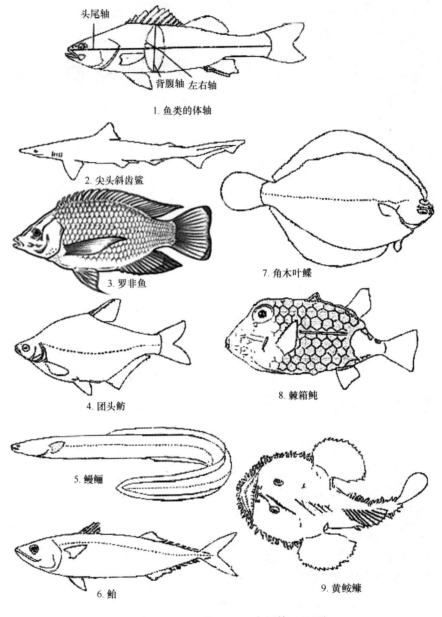

头尾轴

背腹轴 左右轴

1. 鱼类的体轴

2. 尖头斜齿鲨

3. 罗非鱼

7. 角木叶鲽

4. 团头鲂

8. 棘箱鲀

5. 鳗鲡

6. 鲐

9. 黄鮟鱇

图 1　鱼类的不同体型（孟庆闻等，1987）

【方法与步骤】

1. 体轴的测量和体型

按表 1 测量实验标本，比较其体轴（头尾轴、背腹轴、左右轴）的长度变化，并说明每种鱼属何种体型。

表 1　不同体型鱼类的体轴

种类	头尾轴 （mm）	背腹轴 （mm）	左右轴 （mm）	体型	分析可能的活动 水层、运动特点
尖头斜齿鲨					
鲤鱼					
罗非鱼					
团头鲂					
卵形鲳鲹					
鲅鲢					
鳗鲡					
牙鲆					
海马					

2. 头部器官观察和鳍的特征观察

按提示观察标本的头部器官和鳍的特征，并做详细记录。

（1）尖头斜齿鲨：口的位置？其上下颌有无齿，形状和行数？鼻孔位于何处，大小和数目？眼有无瞬褶或瞬膜？眼后方有无喷水孔？头部两侧是否具鳃盖？各有几个鳃裂？背、臀鳍的位置和数目？尾鳍的形状？

（2）鲤鱼：有无颌齿？须的位置和数量？分辨吻部、颏部、下颌联合、喉部、峡部、颊部、鳃盖膜、鳃条骨等？腹鳍位置？背、臀鳍是否有硬棘，棘有无纵缝？

（3）罗非鱼：有无颌齿？背、臀鳍的硬棘是否分节？棘有无纵缝？属何类型？头部有无鳞片？背、臀鳍的鳍式如何写？

（4）鳗鲡：前鼻孔的位置及形状？眼的大小如何？是否被皮膜所遮盖？背、臀鳍和尾鳍的大小及形状？鳞片形状及排列方式如何？

（5）牙鲆：注意两眼的位置，颌齿、腹鳍等方面是否对称？背、臀鳍的大小及鳍条性质如何？左右侧的体色是否相同？

（6）刺箱鲀：口的大小及齿的形状如何？鳃孔大小及鳞片变异情况如何？

（7）鲅鲢：头部大小如何？口的大小和位置，口四周边缘有哪些结构？颌齿形状及行数如何？是否可以倒伏？背鳍与胸鳍有无变异结构？鳃孔和腹鳍位于何处？

3. 鱼体外部分区

观察尖头斜齿鲨、罗非鱼和牙鲆的外形特征，根据外部分区标准，注意 3 种鱼划分头部、躯干部及尾部的异同。

【作业与思考题】

（1）测量实验标本，并填写表格。

（2）根据实验指导的提示，记录实验标本的一些形态特征。

（3）分析鱼类体型、头部器官及鳍的形态与生活习性的相互关系。

实验二 鱼类的消化系统

【实验目的】

通过对尖头斜齿鲨、罗非鱼的解剖，了解鱼类消化系统的形态、位置和构造，结合观察鳙（鲱科）、鲢（鲤科）、乌鳢（鳢科）和鲈（鲈科）等示范标本，比较分析不同种类、不同食性鱼类摄食器官构造的差异，分析食性和消化器官形态构造的相互关系。

【实验原理和基本知识】

鱼类的消化系统与其他脊椎动物一样是由消化管以及连附于消化管附近的各种消化腺组成，其生理机能为直接或间接地担任食物的消化和吸收。食物进入消化管，经过消化腺分泌的消化酶作用，被分解为简单的分子状态，蛋白质或醣的分解产物，依靠渗透作用进入消化管壁的血管内，脂肪经过分解进入淋巴管内。这些营养物质随后达到身体各组织，作为鱼的能量来源，不能消化的食物残渣则从肛门或泄殖腔排出体外。

鱼类的消化管是一条延长的管道，自口开始，向后延伸经过腹腔，最后以泄殖腔或肛门开口于体外。消化管包括口咽腔、食道、胃、肠和肛门；消化腺有两类，一类是埋在消化管壁内的小型消化腺，如胃腺、肠腺等；另一类是位于消化管附近的大型消化腺，主要包括肝脏和胰脏，消化腺有输出导管连于消化管，将其分泌的输送到消化管。

【材料与用具】

一、实验器材

解剖刀，解剖剪，尖头镊子，圆头镊子，解剖针，解剖盘，放大镜，解剖镜等。

二、实验材料

尖头斜齿鲨，罗非鱼。示范标本：鲢，鳙，乌鳢和鲈等。

【方法与步骤】

一、解剖方法

1. 尖头斜齿鲨

将鱼体腹部向上放置于解剖盘中，左手握鱼，右手持解剖剪，自泄殖孔前方剪一横切

134

口，然后将解剖剪的钝头插入切口，沿腹中线向前剪开（注意剪刀微向上挑，勿损伤内脏），一直剪到肩带后缘，在其后缘左右各横剪一刀，最后在腰带前缘也左右各横剪一刀，把左侧腹壁打开，暴露腹腔内器官。用解剖剪在左侧口角向后沿鳃间隔中线剪至最后鳃裂，再横向剪一刀，翻开暴露口咽腔。

2. 罗非鱼

将鱼置于解剖盘，左手握鱼，使其腹部向上，右手用剪刀在肛门前与体轴垂直方向剪一小口，将剪刀钝头插入切口，沿腹中线向前剪开至喉部；使鱼侧卧，左侧向上，自肛门前的开口向背方剪到脊柱下方，然后沿脊柱下方向前剪至鳃盖后缘，再沿鳃盖后缘向下剪，除去左侧体壁，呈现内脏；用剪从下颌中央向后剪至喉部，再沿鳃孔上方经眼下缘向前剪断口上缘骨骼，除去口咽腔侧壁，使口咽腔暴露。移去左侧生殖腺，用棉花拭净器官周围的血迹及组织液，然后观察各消化器官。

二、观察内容

1. 尖头斜齿鲨

1）消化管

包括口咽腔、食道、胃和肠。

（1）口咽腔：由上下颌所围成的腔；后部两侧有5对内鳃裂的开孔。颌齿以结缔组织附在颌骨上；齿侧扁，边缘无锯齿，齿头向外弯斜，外缘近基底处有一凹缺，两行在使用（齿直立，为正式齿）。内侧数列齿，齿尖朝向腹下方，其外被一黏膜褶，为后补齿。口咽腔内壁黏膜上附生分散突出的乳白色圆颗粒状味蕾，腹面有突出的舌。

（2）食道：为口咽腔后方的管道，内壁有许多纵行褶皱，后端与胃的贲门部相接。

（3）胃：呈"V"形，囊状，位于肝脏的背面，前端与食道相接处有贲门括约肌，前部较膨大，为贲门部，后部弯向左侧较细，为幽门部，后端以发达的幽门括约肌与肠相接。

（4）肠：可分为小肠和大肠两部分。小肠又分十二指肠和回（瓣）肠。十二指肠细短而稍弯曲，胰管开口于此。回肠管径较粗，内有纵行画卷形螺旋瓣，故又称瓣肠，螺旋瓣的形状与数目因种而异，输胆管开口于回肠前左侧背方。大肠可分为结肠和直肠，前方为结肠，较细；后方为直肠，较粗短，末端开口于泄殖腔腹壁，两者以背侧突出的长椭圆形直肠腺为界，此腺有泌盐作用，以调节渗透压。泄殖腔孔位于两腹鳍之间，孔的后方两侧有1对小的腹孔，与腹腔相通。

2）消化腺

（1）肝脏：位于胃的腹面，分左右两叶，右叶长，左叶稍短，整个肝脏几乎占据整个腹腔，前端在横隔后方，借肝冠韧带与横隔相连；前腹面借镰状韧带与腹壁相连，呈灰黄色。左叶肝脏埋藏着绿色椭圆形胆囊，胆管开口于回肠前端右侧背壁。

（2）胰脏：位于胃幽门部和回肠之间的系膜上，呈淡黄色的腺体，分背腹两叶，背叶小，腹叶狭长，胰管开口于十二指肠。

另外，有1个长条形暗红色腺体，位于胃幽门部与回肠之间，为脾脏，属淋巴组织，是造血器官。

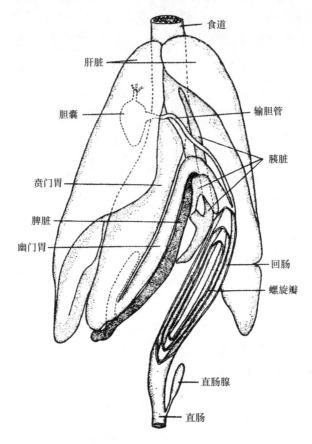

食道

肝脏

胆囊

输胆管

胰脏

贲门胃

脾脏

幽门胃

回肠

螺旋瓣

直肠腺

直肠

图1　尖头斜齿鲨的消化系统（孟庆闻等，1987）

2. 罗非鱼

1）消化管

（1）口咽腔：位于消化道的最前端。上颌能伸缩活动，上、下颌各具数行小齿。口咽腔内有明显的舌状结构，外被黏膜，无伸缩能力。咽喉左、右两侧各有1枚外长尖齿的咽头齿，相应的下方有两块角质垫，是咀嚼工具。左右两侧有4对鳃，鳃弓向口咽腔的一侧（鳃丝的对侧）着生的许多鳃耙，每个鳃弓上有两列鳃耙。观察鳃耙形状，有何作用？咽部有几列咽头齿？

（2）食道、胃和肠：用钝头镊子将盘曲的肠管展开，观察消化道。罗非鱼的食道短、宽、直，壁较厚，有发达的环肌，具纵行黏膜褶，食道壁上具味蕾。食道可膨胀，前接口咽腔，是食物进入胃的通道。胃位于食道的后方，有容纳和消化食物的功能，是消化管的最膨大的部分，分为贲门部、胃体部和幽门部。接近食道处的部分为贲门部，连接肠的部分为幽门部。胃壁很薄，饱食时胃的体积很大。肠位于胃后方，分为前肠、中肠和后肠。肠管壁也很薄，全肠盘曲，由发达的肠系膜相连，罗非鱼的肠长为鱼体长的6～8倍。肠

136

前部较粗，后部渐细。前肠、中肠管径大且壁厚，后肠壁薄，肠内壁有网纹状的黏膜皱褶，后部皱褶渐少，小肠皱褶从前肠、中肠至后肠呈现由密到疏，由多到少，从高到低的趋势，末端以肛门开口于体外。

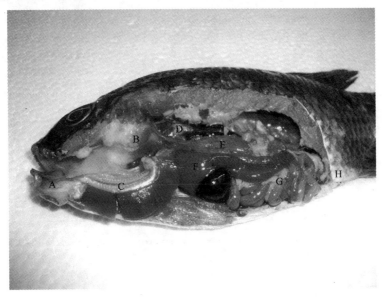

图 2　罗非鱼的消化系统
A：舌；B：咽齿；C：鳃耙；D：食道；E：胃；F：肝脏；G：肠；H：肛门

2）消化腺

罗非鱼的肝脏发达，呈淡褐色，两叶，条状，包膜具光泽，肝脏前端系于心腹隔膜后方，后端游离。肝脏能分泌胆汁，帮助消化脂肪，胆汁由胆细管汇集到胆管，然后贮藏在胆囊内。胰脏弥散性分布于肝脏中，故又称肝胰脏。胆囊藏于肝脏中，椭圆形，胆汁深绿色，输胆管开口于肠前部。

此外，肠系膜上还有一深红色长条形腺体，为脾脏，属淋巴组织。

3）示范标本观察

（1）咽上器官：鲢主食浮游植物，鳃耙连成一片，有具小孔的筛膜覆盖在鳃耙外面形成筛板。咽鳃骨和上鳃骨卷成螺壳状似锅管的咽上器官，其外侧有发达的舌咽鳃肌；内有4条封闭的鳃耙管，每管外有围耙管肌，与前肌共同作用，可使管腔缩小，腔内水流冲至鳃耙沟中，使沟中食物团上浮至口咽腔，然后进入食道。

（2）幽门盲囊：鲈在胃与肠交界处，从肠始端突出指状盲囊13～15条的幽门盲囊。

（3）直肠瓣：鲈的小肠与直肠间有突出的环形瓣膜，外观此处有一凹隙，纵剖面可见小肠黏膜褶呈纵条纹，直肠内壁呈网纹状。

【注意事项】

剪开体壁时剪刀尖不要插入太深，而应向上翘，以免损伤内脏；移去左侧体壁肌肉

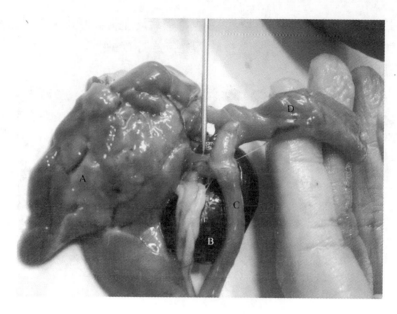

图 3 罗非鱼消化腺

A：肝胰脏；B：胆囊；C：前肠；D：胃

前，注意用镊子先将体腔腹膜与体壁剥离开。

【作业与思考】

（1）绘出罗非鱼消化系统的结构图。

（2）比较尖头斜齿鲨与罗非鱼消化系统的异同点。

（3）讨论其消化系统的构造与食性的相互关系。

实验三　鱼类的尿殖系统

【实验目的】

通过尖头斜齿鲨和罗非鱼的解剖与观察，了解鱼类尿殖系统的形态、位置和一般构造，了解软骨鱼类和硬骨鱼类尿殖系统的异同。

【实验原理和基本知识】

鱼类的泌尿系统由肾脏和输尿管组成。成体的肾脏为中肾，由肾小体和肾小管组成。肾小体有过滤作用，血液中除大分子（蛋白质等）和血细胞外，其他成分如水、无机盐类、激素及营养质等均可过滤到肾小球囊内，然后渗透过肾小球囊壁进入中肾小管，过滤出的液体称之为原尿。肾小管的重吸收作用，进入肾小管的滤过液，沿肾小管向后运行，几乎所有的营养物质及激素全部被管壁周围的血管所吸收，水分也大部分被吸收，有些废物也会被吸收，剩余部分成为尿液，经输尿管排出体外。软骨鱼成体有 1 对位于脊柱两侧的中肾。前肾管纵裂为二，一根为中肾管（吴夫氏管），在雌鱼起输尿的作用，在雄鱼则起输精的作用；另一根为米勒氏管，在雌鱼此管为输卵管，在雄鱼，此管退化，另出现 1 对中肾辅助管，起输尿的作用。真骨鱼成体有 1 对中肾，起泌尿作用，前肾退化为头肾，失去泌尿机能。硬骨鱼的肾脏与生殖器官没有联系。中肾管起输尿作用，米勒氏管退化。

鱼类的生殖系统包括生殖腺和生殖管，雌鱼有卵巢 1 对，一般左右对称，少数鱼（如银鱼）左右卵巢不对称；雄鱼有精巢 1 对，少数种类 1 个。软骨鱼的输卵管为米勒氏管，输精管为吴夫氏管。真骨鱼的生殖导管是腹膜褶连接成的，许多鱼的输卵管与卵巢直接联合，也有些鱼（如胡瓜鱼科）的输卵管前端以一广阔的漏斗开口于体腔，不与卵巢直接联系；鲑科等仅有极短的漏斗或者完全消失，卵经生殖孔排出；而雄鱼有腹膜形成的输精管，联接精巢与生殖孔。

雌雄性罗非鱼肛门部的形态不同，雌鱼肛门后面有 2 个孔，即生殖孔和泌尿孔，雄鱼肛门后只有 1 个孔，即泄殖孔，兼有排精和排尿的作用。

软骨鱼的雌雄性很容易从外生殖器官区分，雄鱼有 1 对鳍脚，为雄性的交配器官，雌性则无。

【材料与用具】

一、实验器材

解剖刀，解剖剪，尖头镊子，圆头镊子，解剖针，解剖盘，解剖镜。

二、实验材料

尖头斜齿鲨、罗非鱼。

【方法与步骤】

一、解剖方法

1. 尖头斜齿鲨

将鱼体腹部向上置于解剖盘中。左手握鱼，右手持解剖剪，先自泄殖腔前方剪一横切口，然后将解剖剪的钝头插入此切口，沿腹中线向前剪开，至肩带后缘，在其后缘左右各横剪一刀，最后在腰带前缘也左右各横剪一刀，把腹壁打开，暴露腹腔内器官。

2. 罗非鱼

将新鲜罗非鱼置于解剖盘，使其腹部向上。先观察排泄孔，雌鱼排泄孔3个，即肛门、生殖孔、泌尿孔，雄鱼排泄孔只有2个，即肛门、泄殖孔。然后用剪刀在肛门前与体轴垂直方向剪一小口，将剪刀尖插入切口，沿腹中线向前经腹鳍中间至肩带；使鱼侧卧，左侧向上，自肛门前的开口向背方剪到脊柱，然后沿脊柱下方剪至鳃盖后缘，再沿鳃盖后缘剪腹中线，除去左侧体壁肌肉，使内脏暴露。观察生殖器官和泌尿器官。

二、观察内容

1. 尖头斜齿鲨

（1）肾脏：是腹腔外器官，除去腹腔背壁中央1层薄膜，即可见1对暗红色长条形器官，从体腔前部上方部延伸到近泄殖腔处，前端稍膨大，为头肾，无泌尿机能。后部狭长，即为中肾。

（2）中肾管（吴氏管）：1对，与中肾小管相通，后端开口于泌尿乳突，起输尿作用。在雄鱼，此管已转变为输精管，紧贴中肾腹面；幼体时管径较细，成体时管腔变粗大而弯曲，前端盘曲为副睾，并有输精小管与精巢前部相连；后端扩大成贮精囊，此囊基部向腹外方突出一薄壁的盲囊，为精囊，是退化的米勒氏管的遗迹；贮精囊后端通入位于泄殖腔背壁中央突起的尿殖乳突，其内腔为尿殖窦，后端开孔于泄殖腔。

（3）中肾辅助管：雄体成为输尿管，位于中肾（肾脏）后部、贮精囊背侧的1对细管，后端开口于尿殖窦，尿殖乳突末端以尿殖孔开口于泄殖腔。雌鱼无中肾辅助管。

（4）精巢：1对，呈乳白色的长条形器官，由精巢系膜悬系在腹腔背壁，前端以输精小管与肾脏前部的副睾相连，后端延伸近直肠腺处。

（5）卵巢：1对，长条形器官，由卵巢系膜悬系在腹腔背壁；性成熟个体可见卵巢内有大形卵粒。

（6）输卵管：位于肾脏腹面的1对管道，幼体管径颇细，成体则粗大且壁增厚。左右输卵管向前，沿腹腔背壁，在肝脏前缘弯曲，左右输卵管在肝脏前方中央连合成一共同开口，称输卵管腹腔口，此腔口后方管径细窄，受精作用在此进行；不远处膨大为卵壳腺，腺体后方稍狭，后部膨大为子宫，其末端亦开口于泄殖腔内。

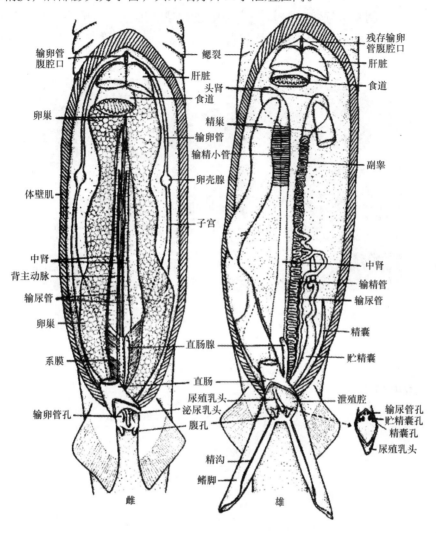

图1　尖头斜齿鲨的尿殖系统（孟庆闻等，1987）

2. 罗非鱼

（1）肾脏：位于体腔背部，紧贴脊柱，分左右两侧排列，长条形，呈红褐色，在鳔的背方。肾脏的前端有一伸至心脏背方的 1 块较大的腺体，称为头肾，是拟淋巴腺。

（2）输尿管和膀胱：每侧肾脏各通出 1 条输尿管，沿腹腔背壁后行，在近末端处两管汇合进入椭圆形膀胱；膀胱末端稍细，开口于尿殖窦，尿殖孔的开口位于肛门之后。

（3）生殖器官：雌雄异体，雌鱼的生殖系统包括卵巢、输卵管、生殖孔。卵巢 1 对，内贮存数量很多的卵细胞，性成熟前或未达成熟年龄的个体，卵巢不发达，性成熟期卵巢体积最大，长条状，位于鳔下方的左、右两侧，通常右侧的略大，左侧的略小，外被卵巢膜，有很薄的系膜把它悬挂于腹腔背壁，沿卵巢中轴自前端分别通入生殖腺动脉，两侧伸出分支和毛细血管。输卵管两端连接卵巢和生殖孔，是卵细胞排出的通道，生殖孔开口体外，为排卵小孔。精巢、输精管情况基本与上述相似，雄鱼的生殖系统包括精巢、输精管、生殖孔，其中精巢1对，性成熟时纯白色，呈扁长囊状；性未成熟时往往呈淡红色，常左右不对称且有裂痕。

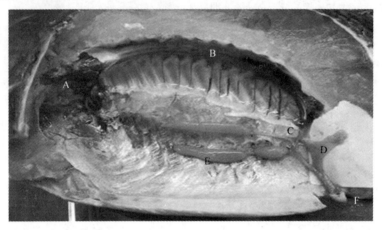

图2　罗非鱼尿殖系统

A：前肾　B：中肾　C：输尿管　D：膀胱　E：生殖腺　F：泄殖孔

【作业与思考题】

（1）绘出罗非鱼生殖系统的形态图。

（2）头肾是否属于泌尿器官？它有什么作用？

实验四　鱼类呼吸、循环系统的解剖与观察

【实验目的】

通过对尖头斜齿鲨、罗非鱼的呼吸系统和循环系统解剖观察，了解鱼类呼吸系统、循环系统的基本构造。

【实验原理和基本知识】

鱼类的血液循环系统由心脏、动脉、静脉、毛细血管等组成，属单循环。随着心脏的跳动，推动血液沿心脏、腹主动脉、鳃动脉，在鳃部完成气体交换，得到氧的血液经头部动脉、背主动脉输送到身体各部，分散成微血管网将氧和营养物质等输送到身体各部组织，并带走代谢产物，又通过静脉系统回到心脏。

鱼类的呼吸器官主要是鳃，它由咽部两侧发生而成。除鳃之外，有些鱼类具有辅助呼吸器官，如皮肤、口咽腔黏膜及鳃上器官等。

【材料与用具】

一、实验器材

解剖刀，解剖剪，尖头镊子，圆头镊子，解剖针，解剖盘，解剖镜等。

二、实验材料

尖头斜齿鲨，罗非鱼。示范标本：鲤，鲢，鳜，乌鳢和鲈等。

【方法与步骤】

一、解剖方法

1. 尖头斜齿鲨

把鱼体腹部向上放置于解剖盘中。左手握鱼，右手持解剖剪，自泄殖孔前方剪一横切口，然后将解剖剪的钝头插入切口，沿腹中线向前剪开，一直剪到肩带后缘，在其后缘左右各横剪一刀，最后在腰带前缘也左右各横剪一刀，把腹壁打开，暴露腹腔内器官。用解剖剪在左侧口角向后沿鳃间隔中线剪至最后鳃裂，再横向剪一刀，翻开暴露口咽腔。

2. 罗非鱼

将鱼置于解剖盘，左手握鱼，使其腹部向上，右手用剪刀在肛门前与体轴垂直方向剪一小口，将剪刀钝头插入切口，沿腹中线向前剪开至喉部；使鱼侧卧，左侧向上，自肛门前的开口向背方剪到脊柱下方，然后沿脊柱下方向前剪至鳃盖后缘，再沿鳃盖后缘向下剪，除去左侧体壁，呈现内脏；用解剖剪从左侧口角插入，向后剪至鳃孔开口的腹缘，再从鳃孔背缘向前剪至口角，去掉鳃盖，即可见容纳鳃的鳃腔。剪下最外一片鳃片观察。

二、观察内容

1. 呼吸系统

1）尖头斜齿鲨

（1）鳃裂：头部两侧有5对裂缝，称外鳃裂（孔），鳃裂间有发达的鳃间隔，鳃裂向口咽腔的开口为内鳃裂。内外鳃裂间的通道为鳃裂道或称鳃囊。第1对鳃裂在舌弓与鳃弓之间，第2～5对鳃裂在鳃弓之间。

（2）鳃间隔：两个鳃裂之间的部分为鳃间隔，鳃间隔内有软骨弓支持，尖头斜齿鲨的头部有5个鳃间隔。第1对鳃间隔由舌弓支持，第2～5对鳃间隔由鳃弓支持。软骨鱼类的鳃间发达、板状，故有板鳃鱼类之称。鳃间隔前后两侧附生鳃片。

（3）鳃弓：为5对弧形软骨，用于支持鳃间隔。

（4）鳃片：鳃间隔两侧附生呈丝状的表皮突起，即鳃片。每1侧的鳃片称1个半鳃，2个半鳃合成1个全鳃；尖头斜齿鲨头部每侧有9个半鳃，最前面附生于舌弓的鳃间隔上只有1个半鳃，1～4鳃弓上有4个全鳃，第5鳃弓上无鳃。

（5）鳃小片：从鳃片上取下2～3根鳃丝，在低倍显微镜下观察，每一鳃丝两侧有许多薄片状突起，为鳃小片，是气体交换的场所；注意相邻鳃丝的鳃小片彼此嵌合排列。

2）罗非鱼

（1）鳃盖和鳃盖膜：鳃盖位于头后部两侧，由前鳃盖骨、主鳃盖骨、间鳃盖骨和下鳃盖骨组成；鳃盖膜是从鳃盖内侧一直扩展到鳃盖后缘外的薄膜，内有鳃条骨支持；此膜配合鳃盖开启或关闭鳃孔。

（2）鳃：第1～4鳃弓上有2个鳃片，每个鳃片称为1个半鳃，同一鳃弓上的2个半鳃称1个全鳃。第五鳃弓上没有鳃片。1个全鳃的两鳃片彼此分开，仅基部有退化的鳃间隔相连；并借此将两鳃片基部连系于鳃弓上。每个鳃片由许多鳃丝组成。鳃丝的一端着生在鳃弓上，另一端游离。解剖镜下观察，鳃丝的两侧有许多横行薄片状的鳃小片，其上密布微血管，壁很薄，适于气体交换。

（3）伪鳃：位于鳃盖内侧前上方，为上皮组织的薄膜所遮盖，小心除去薄膜，可见平扁近椭圆形的伪鳃。

（4）鳃裂道和内、外鳃裂：两鳃弓之间的空隙为鳃裂道，通口咽腔的开孔为内鳃裂，向外出口为外鳃裂。罗非鱼的外鳃裂开口于鳃腔，共同经鳃孔通向体外。

（5）鳔：罗非鱼的鳔位于肾脏之下，消化管之上，占据较大空间，内部充满气体，是

144

1个白色的大气囊。鳔分两室，前室较大，后室较小。罗非鱼的鳔无鳔管，鳔具调节比重的功能。

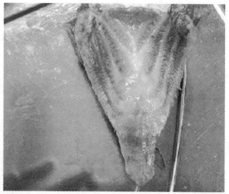

图1　罗非鱼的鳃

图2　罗非鱼的鳔

3）示范标本观察

（1）鳃上器官：乌鳢鳃腔前背方的两片耳状和三角形的骨质突起，外覆黏膜，内有丰富的血管分布，具呼吸功能，能得到空气中的氧，称鳃上器官。

（2）鲥和乌鳢的鳔：鲱科鲥的鳔前端有2个分支经脑颅外枕骨和前耳骨间的小孔通入达内耳。鳔的前半部腹面有鳔管开口于贲门胃和胃盲囊之间的背方；后腹面有1条后鳔管通外界，其通孔位于生殖孔与泌尿孔之间。鳔后部延伸至臀鳍前上方腹腔延伸部分，鳔壁有9~10个环形凹隘。鳢科乌鳢的鳔无管，属闭鳔类。鳔从口咽腔后背方一直延伸到尾部末端第2~3尾椎骨间。鳔近末端处有一环形浅凹，凹隘处内部有一垂直隔膜，膜上部有一小孔，是为卵圆窗，孔周围有括约肌和开肌，以调节孔的启闭。此膜后方至末端为椭圆形的卵圆窗，是吸收鳔内气体的地方。鳔内壁有45~58个红腺，是分泌气体的场所。

145

2. 循环系统

1) 尖头斜齿鲨

(1) 心脏。

在两胸鳍间中央剪断肩带，向前剪开围心腔，心脏外有薄膜，为围心膜，剥去此膜即可观察心脏。

a. 心室，肌肉壁厚，呈三角形，尖端向前，前接动脉圆锥。

b. 心耳，壁较薄，位于心室背侧，后方基部与静脉窦相通。

c. 静脉窦，壁薄，呈三角形，囊状，后方两侧与古维尔氏管相通。

d. 动脉圆锥，白色，壁厚，位于心室前中央，前接腹侧主动脉。

从围心腔取出心脏，在腹面中央纵剖开，冲洗内积淤血，可见静脉窦与心耳间有 2 个瓣膜，称窦耳瓣；在心耳和心室间的 2 个瓣膜为耳室瓣；在心室和动脉圆锥之间的 2 个瓣膜为半月瓣。在动脉圆锥内有排成 3 列，每列 3 个袋状瓣膜，各瓣膜均有防止血液倒流的作用。

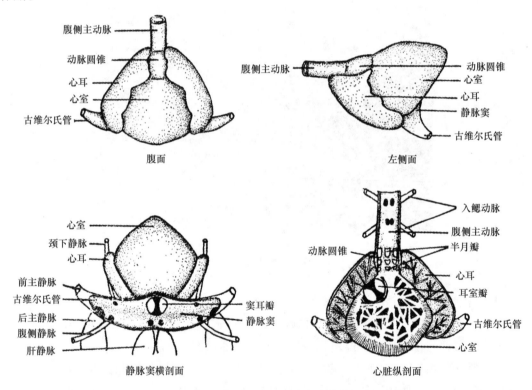

图 3 尖头斜齿鲨的心脏（孟庆闻等，1987）

(2) 动脉系统。

从鱼体口角左侧用解剖剪向前剪开，打开左侧口咽腔，小心剥离顶壁的黏膜，仔细分离出各血管。腹面沿动脉圆锥向前用镊子清理通入鳃区的血管；最后剖开腹腔，注意不能损坏各器官之间的系膜，因血管通过系膜到达各器官；紧贴脊柱下方有粗大的背主动脉，汇集头部来的血管后进入腹腔，注意其分支所到达的器官，一般依此来命名血管。

a. 腹侧主动脉：位于心脏动脉圆锥前方1条纵行较粗的血管。

b. 入鳃动脉：由腹侧主动脉向两侧发出4对入鳃动脉，最前面的第1对又分为前后2支，前支进入舌弓，分布至舌弓半鳃，后支进入第1鳃弓的鳃间隔；第2～4对入鳃动脉分别进入第2～4对鳃弓的鳃间隔上，都有入鳃丝动脉和入鳃小片动脉，进入鳃丝和鳃小片。

c. 出鳃动脉：由出鳃小片动脉和出鳃丝动脉汇集到出鳃动脉，舌弓半鳃和第1鳃弓前半鳃出鳃动脉连接形成1个围绕第1鳃裂的出鳃动脉环，形成1对围绕鳃裂的出鳃动脉环，之后的第2～4对鳃裂，前一鳃弓后半鳃的出鳃动脉与后一鳃弓前半鳃的出鳃动脉也相互连接形成出鳃动脉环，前后共有4对环。第4鳃弓后半鳃的出鳃动脉不形成环，以小血管与第4出鳃动脉环相接。各出鳃动脉环在背部都分出1支鳃上动脉，两侧共4对鳃上动脉，汇集到背主动脉。第1出鳃动脉环向前发出细分支至喷水孔，为喷水孔动脉。

d. 颈总动脉：从第1出鳃动脉发出另一支较粗的为颈总动脉，向头部伸展，之后分2支，外支为颈外动脉，进入颅骨，供应头部两侧的血液，分支到达眼及嗅囊上；内支为颈内动脉，在左右颈总动脉会合前发出，分布到脑的腹面。

e. 鳃下动脉：第2～4对出鳃动脉环的腹面各分出1小支汇集成纵行的1支鳃下动脉，位于腹侧主动脉腹面并与其平行，分成3支，最主要的1支为冠动脉，分布至心脏的动脉圆锥、心耳和心室等，供给心脏营养。

f. 背主动脉：4对鳃上动脉，汇集到背主动脉。背主动脉紧贴头背部中央向身体后部延伸。出头部后，位于脊柱下方，由躯干部向尾部延伸，进入尾部后称尾动脉。

背主动脉向后延伸中，发出许多大小血管分布到躯干部和尾部的内脏、肌肉、鳍及皮肤上。主要分支如下。

a. 锁骨下动脉：由第4鳃上动脉与背主动脉连接处的前方发出，沿肩带分支到胸鳍上。

b. 腹腔动脉：位于锁下动脉后方1支较粗大的动脉；它分2支，一支为肝胃动脉，分布到肝脏及贲门胃，另一支为胰指肠动脉，分布到肠的腹壁和肠螺旋瓣上，其中有分支至胰脏及至生殖腺前部。

c. 胃脾动脉：在腹腔动脉后方，由背主动脉发出分布到胃及脾脏。

d. 前肠系膜动脉：位于胃脾动脉后方，又分成2支，一支为生殖腺动脉，分布至生殖腺上；另一支为肠背动脉，分布至肠的背壁。

e. 后肠系膜动脉：躯干后部的背主动脉发出，分布到生殖腺后部及直肠腺上。

f. 髂动脉：背主动脉后发出，位后肠系膜动脉后方，分布到腹鳍及泄殖腔周围肌肉。

g. 体节动脉：沿背主动脉从前至后向两侧成对发出的小动脉，分支到达背、腹面体壁肌肉及肾脏等处。

h. 尾动脉：背主动脉在腹腔后部进入尾椎脉弓中的为尾动脉，位于尾静脉的背方，分支供给尾部脊髓及肌肉。

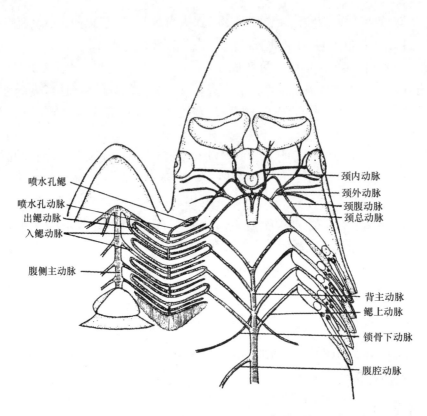

图4　尖头斜齿鲨的鳃区动脉（孟庆闻等，1987）

（3）静脉系统

a. 颈下静脉：除去围心腔背面的心包壁层，可见心耳背方两侧有 1 对血管，在古维尔氏管的内侧通入静脉窦，接收来自下颌、喉部和鳃的血液。

b. 前主静脉窦：除去口咽腔背壁的黏膜，可找到 1 对较粗的血管，呈血窦状。在眼区形成后，向后延伸，在心脏背方与腹腔来的后主静脉合并，形成古维尔氏管。

c. 古维尔氏管（总主静脉）：在静脉窦末端左右翼各有 1 个大的开口，在此延长而形成古维尔氏管，身体各部的静脉血经此管至心脏。

d. 后主静脉：在古维尔氏管两侧后方各有 1 条粗大的血管，向后渐变窄，接收来自生殖腺、生殖导管、体节静脉、肾静脉的静脉血。

e. 腹侧静脉：沿腹腔的两侧壁，除去腹膜，可见其下成对纵行的腹侧静脉，接收来自胸鳍、腹鳍和体后方的血液。

f. 肝门静脉：来自胃、肠、胰、脾等器官的血液，集中成较粗短的肝门静脉，进入肝脏内，分支成许多毛细血管网，又再度集中成较粗的肝静脉，通到心脏的静脉窦。

g. 肾门静脉：尾椎脉弓中下方 1 条稍粗的尾静脉，向前至肾脏后，分成 2 条血管入肾脏，即肾门静脉；它收集尾部血液，在肾脏内分成许多毛细血管网，渐又重新集中，经肾静脉至后主静脉。

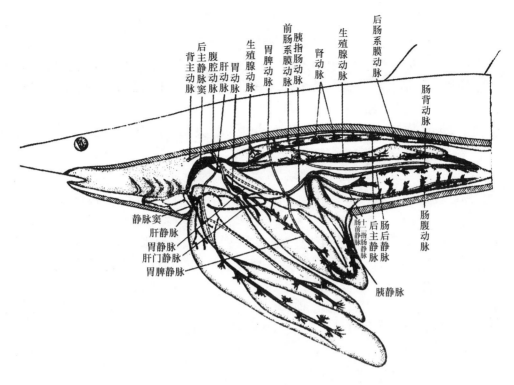

图5 尖头斜齿鲨的内脏动静脉（孟庆闻等，1987）

2）罗非鱼

（1）心脏。

剖开头腹面的峡部可见围心腔。剥去围心膜，暴露心脏。基本构造与鲨同，但在心室前方无动脉圆锥，而有腹侧主动脉基部膨大、壁增厚的动脉球，新鲜标本呈粉红色。心脏包括静脉窦、心耳、心室3部分。在心室与动脉球交界处有2个前月瓣。

（2）动脉系统。

a. 腹侧主动脉：由动脉球向前延伸的1条较粗而短的血管，位于鳃弓腹面中央。观察时注意勿损伤其腹方的鳃下动脉和背方的颈下静脉。

b. 入鳃动脉：从腹侧主动脉分出4对入鳃动脉，第3、第4的入鳃动脉基部合一，以一管与腹侧主动脉相连；各对入鳃动脉分别进入相应的鳃弓中去，在鳃内又分出无数的毛细血管到各鳃丝及鳃小片中。

c. 出鳃动脉：从鳃小片及鳃丝部分的毛细血管汇集到出鳃动脉，前后共有4对：第1对与第2对，第3与第4对出鳃动脉在鳃弓背面分别会合，组成2对鳃上动脉，前后2对鳃上动脉在背部中央处汇合而成1条背主动脉。

d. 鳃下动脉：始自第2、3对出鳃动脉腹端，合成一管；沿腹侧主动脉的腹面伸达心脏后称冠动脉，供给心脏的血液。

e. 颈总动脉：1对，始自第1出鳃动脉的背部前方发出，向前延伸，然后即分出内外两支，外支为颈外动脉，该支沿舌颌骨向下分支，分别到达上颌、下颌、口盖黏膜及眼眶等处。内支为颈内动脉，穿过翼蝶骨的小孔进入脑颅骨骼内，左右颈内动脉在前脑区域的底部相互连接成环状，称为头动脉环，为硬骨鱼类所特有。

f. 背主动脉：左右鳃上动脉在背部正中线上会合成 1 条粗大血管，即背主动脉，向后穿过枕骨大孔，进入腹腔，紧贴脊柱下方，一直向后延伸，进入尾部脉弓后称尾动脉。

背主动脉弓主要分支如下。

a. 锁下动脉：在第 1、2 节脊椎骨处的背主动脉发出 1 对血管，分布到肩带及胸鳍各部。

b. 腹腔肠系膜动脉：紧接锁下动脉后方，由背主动脉发出的 1 条粗大血管，沿食道向下延伸，到达腹腔各内脏器官，主要有脾肠动脉，分布到食道、肠、肝胰脏、鳔、胆囊及脾脏上。

c. 体节动脉：躯干部的体节动脉有 3 小支，一是体节背动脉，分布到背部的肌肉和脊髓上，在接近背鳍处有血管通达背鳍；二是肾动脉，分布到肾脏；三是肋间动脉，是向腹面延伸的体节动脉。尾部也有体节动脉。

d. 髂动脉：分支到达腹鳍肌肉的血管。

e. 臀鳍动脉：背主动脉后方发出的分支，分布到臀鳍。

（3）静脉系统。

静脉血管的管壁较薄，鱼死后血液滞留静脉呈深褐色，易与动脉区别，两者常并行分布。

a. 古维尔氏管：连在静脉窦后背方的 1 对粗短血管，接受前、后主静脉回心脏的血液。

b. 前主静脉：连于古维尔氏管前方的 1 对静脉，汇集来自头部的血液。

c. 颈下静脉：连接在古维尔氏管上的血管，汇集来自上、下颌及舌弓肌肉的血管。

d. 后主静脉：位于肾脏背面的 1 对血管，尾静脉向前分为 2 支，右侧 1 支为右后主静脉，在肾脏处不分支，不形成肾门静脉，且较左侧支粗，收集来自尾部和肾脏的血液至古维尔氏管。尾静脉左侧 1 支进入肾脏，为肾门静脉，在肾脏析散成毛细血管后，再汇集成左后主静脉，向前通入左侧古维尔氏管。

e. 尾静脉：左右后主静脉在尾部合一成尾静脉，位于尾椎骨脉弓中尾动脉的腹面。

f. 肝门静脉和肝静脉：收集来自肠、脾、胆囊等器官的血液汇集到较粗的 1 条肝门静脉，在肝脏内析成毛细血管网，然后再汇集到肝静脉回心脏。

此外还有来自胸鳍的锁骨下静脉和来自生殖腺的生殖腺静脉等，均连接到后主静脉。

【作业与思考题】

（1）比较尖头斜齿鲨和罗非鱼呼吸系统异同点。

（2）绘出罗非鱼的半鳃形态图。

（3）绘出尖头斜齿鲨和罗非鱼的心脏。

实验五　鱼体分类主要性状观察测量和鱼类体形描述

【实验目的】

鱼类分类鉴定是以形态结构为主要依据，通过实验，掌握鱼体测量及鱼类形态描述的一般方法，熟悉鱼类分类习见的形态学术语及含义。

【实验原理和基本知识】

一、鱼类分类的可量性状

凡 10 cm 以下标本均以 mm 为单位，100 cm 以上者以 cm 为计算单位。

鲨类

（1）全长：自吻端至尾鳍末端［在鱼体纵轴上的透影长度，以下（2）～（8）同］。

（2）体长：自吻端至尾鳍基部最后一枚椎骨末端。

（3）躯干长：最后 1 鳃裂至泄殖孔后缘。

（4）头长：自吻端至最后 1 个鳃裂。

（5）吻长：自吻端或眼前缘。

（6）眼径：眼在鱼体纵轴上直径。

（7）眼后头长：自眼后缘至最后 1 个鳃裂。

（8）口长：上颌正中至口角。

（9）体高：鱼体最高处的垂直距离。

（10）背鳍长：背鳍前缘的长度（或称背鳍前缘长）。

（11）背鳍高：背鳍上角至背鳍基的垂直高度。

（12）背鳍基底长：背鳍基部的长度。

（13）胸鳍长：胸鳍前缘的长度。

鳐𫚉类

鳐的𫚉类分类的主要性状和术语基本同鲨类，但由于鳐𫚉头部、躯干部和胸鳍愈合成平扁的体型，与鲨类有区别，故在外形测量上，有一些特别的测量项目。

（1）体盘长：吻端至胸鳍基底的直线长度。

（2）体盘宽：体盘左右最宽处的距离。

（3）眼间隔：两眼间的最短距离。

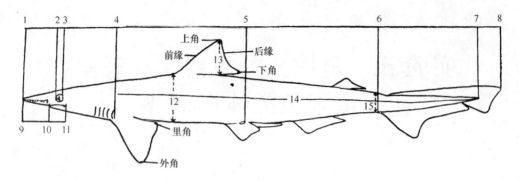

图 1 鲨类的外形测量

1~8：全长；1~7：体长；1~4：头长；4~5：躯干长；5~8：尾部长；1~2：吻长；2~3：眼径；3~4：眼后头长；9~10：口前吻长；10~11：口长；12：体高；13：背鳍高；14：侧线；15：尾柄高；6~8：尾鳍长

（4）胸鳍外角：胸鳍间缘与后缘之间的夹角。

（5）胸鳍内角：胸鳍后缘与内缘之间的夹角。

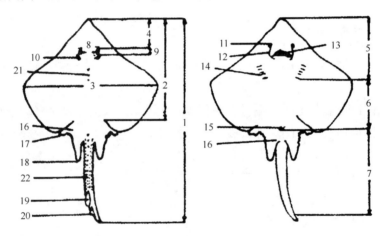

图 2 鳐类的外形测量（苏锦祥，1995）

1：全长；2：体盘长；3：体盘宽；4：吻长；5：头长；6：躯干长；7：尾长；8：眼间距；9：眼径；10：喷水孔；11：鼻孔；12：口鼻沟；13：口；14：鳃裂；15：泄殖腔；16：腹鳍；17：腹鳍前角；18：腹鳍后角；19：第一背鳍；20：第二背鳍；21：椎上结刺；22：尾上结刺

真骨鱼类

（1）全长：自吻端至尾鳍末端［在鱼体纵轴上的透影长度，以下（2）~（10）同］。

（2）体长：自吻端至尾鳍基部最后 1 枚椎骨末端。

（3）叉长：吻端至尾鳍中央分叉处的直线长度（尾叉明显的种类）。

（4）躯干长：鳃盖骨后缘至肛门。在鲽形目鱼类，因肛门前移，躯干长定义为鱼盖骨后缘至体腔末端或最前 1 枚尾椎。

（5）头长：自吻端至鳃盖骨后缘。

（6）吻长：自吻端或眼前缘。

152

（7）眼径：眼在鱼体纵轴上的直径。

（8）眼后头长：自眼后缘至鳃盖骨后缘。

（9）尾柄长：自臀鳍基部后端至尾鳍基部。

（10）肛前长：吻端至肛门前缘的长度。

（11）体高：鱼体最高处的垂直距离。

（12）尾柄高：尾柄部分最低处的垂直高度。

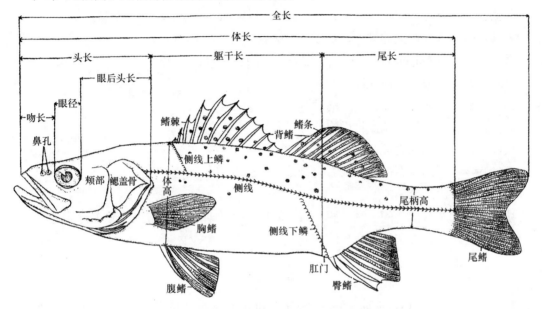

图3　真骨鱼类的外形测量（孟庆闻等，1987）

二、真骨鱼类可数性状

（1）鳍式：一般以英文缩写代表鳍的种类，以罗马数字代表鳍棘数，以阿拉伯数字代表鳍条数。如鲈的背鳍鳍式：D. XⅡ，Ⅰ—11～14，是表示鲈的背鳍，第一背鳍有12枚鳍棘，第二背鳍有1枚鳍棘和11～14枚鳍条。

（2）鳞式：以1种表示鱼类鳞片数目的1种固定方式，鳞式的形式为：

$$侧线鳞数\frac{侧线上鳞数}{侧线下鳞数}$$

侧线鳞数指自躯干部侧线有孔鳞数；侧线上鳞指背鳍基部前缘至侧线间（不包括侧线鳞）的横列鳞数；侧线下鳞指臀鳍基底前缘至侧线（不包括侧线鳞）的横列鳞数，有的种类因腹鳍在臀鳍起上方，侧线下鳞则从腹鳍起点计数，此法记录的侧线下鳞数之后，加注"V"字样。

（3）鳃耙式：第1鳃弓的外鳃耙数。记录方式有2种，①上鳃耙数（长在咽鳃骨与上鳃骨上的鳃耙数）－下鳃耙数（长在角鳃骨与下鳃耙数）；②第1鳃弓外鳃耙总数（不分上、下鳃耙）。

（4）咽齿式：鲤科鱼类最后 1 对鳃弓的角鳃骨特化为下咽骨，其上长有牙齿，称咽齿。咽齿行数和每行的齿数用咽齿式表示，如鲤的咽齿式：1.1.3/3.1.1，表示左侧有咽齿 3 行，每行分别有 1、2、3 枚齿，右侧有咽齿 3 行，分别为 3、1、1 枚齿。

三、常用分类术语

副鳍：位于背鳍和臀鳍后方的小鳍，如羽鳃鲐（*Rastrelliger kanagurta*）。

脂鳍：位于背鳍后方正中一无鳍条的鳍，如尖头银鱼（*Salanx acuticeps*）。

腋鳞：腹鳍基部扩大的鳞片，如短体银鲈（*Gerres abbreviatus*）。

骨板：鲟科（Acipenseridae）体侧排列成行的菱形骨板。

鳃膜：当鱼呼吸时，盖住鳃孔的膜。

鳃条骨：用于支持鳃盖膜展开的骨骼。

颊部：眼后下方到前鳃盖骨后缘部分。

喉部：两鳃盖间的腹面。

下颌联合：下颌左右齿骨在前方会合处。

颏部：在下颌联合后方。

峡部：颏部与喉部之间。鳃盖膜是否与峡部相连为真骨鱼类常用的分类特征之一。

鳍脚：在雄性鲨类和鳐类变异的部分腹鳍，成为雄性交配器官。

硬鳞：鳞的外面覆以 1 层硬鳞质，鳞呈菱形板。如雀鳝（*Lepedosteus*）的鳞，在鲟科鱼类这些硬鳞退化，再现在尾鳍上叶，呈棘状鳞。

颏孔：□虎鱼科（Gobiidae）和一些其他鱼类头部很小的开孔（这些孔位于下颌颏部，是侧线管通入齿骨、关节骨等处向外的开孔）。

喉板：大海鲢科（Megalopidae）下颌后方正中 1 块长椭圆形薄片状骨片。

韦伯氏器：鲤形目鱼类的第 1～3 椎体两侧有 4 对小骨，彼此有韧带相连，最后 1 对三脚骨后端埋在鳔前室结缔组织中。

【材料与用具】

一、实验器材

解剖盘，镊子，分规，直尺或鱼体测量板，放大镜，解剖镜，解剖镜等。

二、实验材料

鲨，鳐，鲤，鲈，罗非鱼。

【方法与步骤】

（1）对实验标本进行可量性状的测量、可数性状的观察并记录。

（2）仿照以下实例对实验标本进行形态描述。

描述格式（以鲫为例）如下：

鲫标本 20 尾，测量 3 尾，体长 132～266 mm，采自青浦县。

背鳍Ⅳ－15－19；臀鳍Ⅲ－5；胸鳍 1，16－17；腹鳍 1，8；尾鳍 19。5－6 侧线鳞 27 5－6 Ⅴ 30；背鳞前鳞 11－14；尾柄鳞 15－16；鳃耙 37～54。下咽齿 1 行 4/4。

体长为体高的 2.4～2.8 倍，为头长的 3.5～3.8 倍。头长为吻长的 3.2～3.4 倍，为眼径的 2.9～3.6 倍，为眼间隔的 1.8～2.6 倍。眼间隔为眼径的 1.6～2.1 倍。

体稍延长，侧扁而高，头短小，吻宽大于吻长。眼大，眼在头的前半部；眼间隔宽平。鼻孔每侧 2 个，上侧位。口较小，端位，上颌骨后端不伸越眼前缘。鳃条骨 3 块，下咽齿侧扁，冠面有一沟纹。

体被中等大圆鳞，侧线微下弯，后部行于尾柄中央。背鳍 1 个，基部较长，上缘凹入；起点在腹鳍起点上方，距吻端小于距尾鳍基。臀鳍起点在背鳍第 14～17 分支鳍条的下方；最后不分支鳍条粗，鳍条部下缘凹入。胸鳍下侧位，后端圆，接近或伸达腹鳍，腹鳍起点距胸鳍起点小于距臀鳍起点，后端不伸达肛门。尾鳍分叉，浅凹，肛门恰在臀鳍起点前方。

头和体背侧灰黑色，体下侧和腹部银白色；鳃盖处有时有棕黄色斑点；尾鳍后缘黑色，其余各鳍浅灰色。

【作业与思考】

（1）依鲨、鳐及鲈的外形图，配合说明观察标本，熟记鱼体各部名称。

（2）测量罗非鱼的可量性状，计数可数性状，参照鲫的描述，描述罗非鱼的分类特征。

实验六　鱼类分类综合实验

【实验目的】

通过实验，掌握鱼类标本的收集方法、浸制标本的制作、检索表的利用等。

【材料与用具】

一、实验器材

解剖盘，分规，直尺，放大镜，标本瓶等。

二、试剂

甲醛。

【方法与步骤】

一、材料的收集

到水产品市场或水产码头收集鱼类标本，收集的种类尽可能多，每种不少于 10 尾，要求鱼体正常，鳞片、鳍条完整。调查记录标本的捕获水域，渔具渔法等，每尾鱼 1 个编号。将标本带回实验室。

二、标本的处理浸制标本的制作

将体表清洗干净，用数码相机留下照片；小个体的标本，平放在解剖盘中，用 10% 的福尔马林溶液浸泡；稍大的个体，还应用注射器将福尔马林注入鱼的腹腔。浸泡过程中，注意用镊子将鱼鳍展开，直至标本变硬。操作中，防止鳞片脱落、鳍条折断。

三、标本的鉴定

利用检索工具，对采集标本进行种类鉴定。

（1）标本的观察、测量。将初步认为是同种的标本放在一组，观察记录体形、体色、花纹等形态特征，测量可数性状和可量性状。

（2）利用分类专著、检索表等工具，分步检索。首先通过检索初步确定标本属于什么目和科，利用分类学专著，将标本与目和科的特征比较、与该科的代表种比较，记录科名称。如果属鲈形目，在检索科之前还应先检索出亚目。目和科的分类地位确定之后，进行属和种的检索。

（3）查阅文献、核对种的描述。经检索初步确定标本的属和种之后，进一步查对有关专著和文献中有关该种的描述，对各条特征逐一地进行核对，若有插图，将标本与之对比，核对有关地理分布的记载。如果所核对过的各项内容均相符合，就可以确定种名，记录中文名和学名。

检索过程中，记录下所利用检索表的名称、检索途径，以便查对。

四、成果整理

将标本采集当作一次简单的鱼类资源调查。

（1）标本的整理。将全班鉴定出的标本，分种装瓶，贴上标签。每种保留 1 瓶。

（2）调查报告。将全部标本的分类鉴定结果，复印成人手 1 份。每个人独立完成 1 份调查报告。

报告的基本内容包括：调查的目的，方法，调查结果。调查结果要求列出调查鱼类的名录，注明产地、鉴定人名；利用调查结果，编制所收集标本的分类检索表。

测量数据（可数性状、可量性状、体形体色等）和照片资料以附件形式编入报告中。

【注意事项】

收集标本时，服从指导老师的安排，并注意安全。

实验七　利用鳞片鉴定鱼类年龄、推算鱼类生长

【实验目的】

通过鳞片的观察，骨鳞的基本结构，鳞片上年轮形成的过程。学习鉴定鱼类年龄的方法，进而推算鱼类的生长。

【实验原理和基本知识】

鳞片是鱼类皮肤的衍生物，被覆在鱼的全身或某一部分。依鳞的外形、构造和发生特点，可以把鱼类的鳞片归纳为盾鳞、硬鳞和骨鳞。盾鳞为板鳃类所特有，硬鳞为硬鳞鱼类所特有，骨鳞为绝大多数真骨鱼类所有。

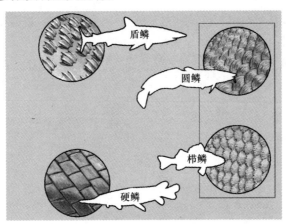

图1　几种不同类型的鳞片

真骨鱼类的鳞片为骨鳞。分为上下两层，上层为骨质层，比较脆薄，骨质组成，使鳞片坚固；下层柔软，为纤维层，由成层的胶原纤维束排列而成。表面可分4区：前区，亦称基区，埋在真皮深层内；后区，亦称顶区，即未被周围鳞片覆盖的扇形区域；上、下侧区分别处于前后区之间的背腹部。表面结构有骨质凹沟的鳞沟（辐射沟），骨质层隆起线的鳞嵴（环片）及鳞中心位置的鳞焦。依后区鳞嵴的不同结构可将骨鳞分成圆鳞与栉鳞。①圆鳞：后区边缘光滑，如鲱形目、鲤形目等鱼类。②栉鳞：后区缘具齿状突起，手感粗糙。

鱼类在自然环境中生长有明显的周期性。春、夏两季食物充足，温度较高，鱼类摄食

158

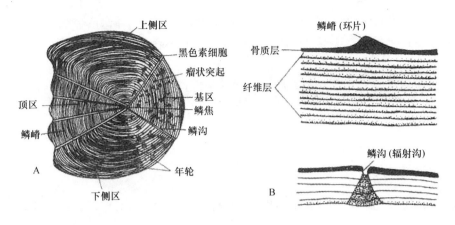

图 2　鳞片的结构

强度大，生长迅速，在鳞片上形成的环片就宽，环片之间的距离也较稀疏，形成较宽的轮带，叫宽带，或夏轮；秋后或入冬，温度降低，鱼生长缓慢，此时鳞片上环片就窄，环片之间的距离较紧密，形成较窄轮带，称冬轮。一年中所形成的宽带和窄带合并而构成鳞片上的生长年带，这种生长年带围绕鳞片中心一个接一个，它们的数目是和鱼所经历的年数相符合的，当年秋冬形成的窄带和次年春夏形成的宽带之间的分界就是年轮。除鳞片外，鱼类的一些骨片上也存在这样的生长带。因此，可以通过对年轮的观察研究，了解鱼的年龄。

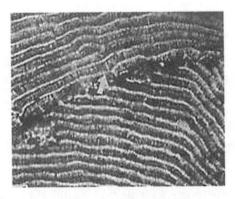

图 3　鲤科鱼类鳞片切割型年轮上标志

鱼类的鳞片、耳石和各种骨片的生长与体长的生长之间存在着一定的相关性关系，因此，可以采用鳞长（鳞径和轮径）等来推算鱼类在以往生命过程中（直至被捕获时为止）任一年份的生长情况。通常按体长和鳞长等实测数据和各相关函数式拟合的密切程度选定相关关系式。挪威学者 Einar Lea 提出鱼类体长和鳞片的增长成正比例相关。

$$\frac{L_n}{L} = \frac{R_n}{R}, \ \ 或 \ L_n = \frac{R_n}{R} L$$

式中，L_n 为第 n 龄的体长，R_n 为鳞片上第 n 个年轮的轮径，n 为鱼的年龄，L 为鱼被捕获时的体长，R 为鱼在被捕获时的鳞径。由此可以推算鱼在任何年龄的体长。

鱼类的生长研究中发现，鱼类体长 L 和鱼质量 W 存在一定的相关关系。

$$W = aL^b$$

由此式，可以利用通过推算的体长 L_n，计算鱼在第 n 龄的体质量 W_n。

【材料与用具】

一、实验器材

显微镜，体视显微镜，解剖针，镊子，台称，尺，分规，载玻片，吸管等。

二、实验材料

3 龄以上的鲤鱼或草鱼。

【方法与步骤】

（1）标本的测量：测量标本的体长 L（mm）、体质量 W（g）等。

（2）鲤鱼（或草鱼）鳞片结构的观察：将鳞片分为 4 区，即前区，亦称基区，埋在真皮深层内；后区，亦称顶区，即未被周围鳞片覆盖的扇形区域，从鱼体取下后，表面有皮肤和色素；上、下侧区分别处于前后区之间的背腹部。表面结构有骨质凹沟的鳞沟（辐射沟），骨质层隆起线的鳞嵴（环片）及鳞中心位置的鳞焦。

（3）年轮的观察和年龄的鉴定：将取下的鳞片放在解剖镜或显微镜下观察，以一下视野包含整个鳞片、又能看清环片的大小和排列为宜。正确鉴定鳞片上的年轮，鲤科鱼的年轮标志为切割型。需要注意的是，有时在同一尾鱼体上的鳞片也会出现几种类型的年轮，而且不同鱼类年轮形成的时间也不一致。因此，必须认真观察、摸索规律、掌握特点，正确鉴定。鳞片上的年轮和年龄的关系为：鳞片上无年轮或第 1 个年轮正在形成，为 1 龄鱼，表示为"$0^+ - 1$"；鳞片上有 1 个年轮或第 2 个年轮正在形成，为 2 龄鱼，表示为"（$1^+ - 2$）"，依此类推。

（4）鳞径 R 和轮径 R_n 的测量：在正确鉴定年轮的基础上，用目测微尺测量鳞径和轮径。

（5）体长退算：根据 Lea 公式计算标本在不同年龄时的体长 L_n。

【作业与思考题】

（1）鉴定标本的年龄，退算该鱼在不同年龄时的体长。

（2）利用 Lee 正比例公式推算鱼的体长，往往小于实测数据，而且越是高龄鱼越显著，称为李氏现象，分析李氏现象出现的原因。

【参考文献】

秉志 . 1960. 鱼类的解剖（第 1 版）. 北京：科学出版社 .

广东省高州县鱼苗场，湛江水产专科学校高州小分队 . 1976. 罗非鱼的生物学特性及系统解剖：Ⅰ. 淡水
　　渔业，（1）：27 – 31.

广东省高州县鱼苗场，湛江水产专科学校高州小分队 . 1976. 罗非鱼的生物学特性及系统解剖：Ⅱ. 淡水
　　渔业，（3）：19 – 26.

孟庆闻，苏锦祥，李婉端 . 1987. 鱼类比较解剖（第 1 版）. 北京：科学出版社 .

孟庆闻，苏锦祥 . 1960. 白鲢的系统解剖（第 1 版）. 北京：科学出版社 .

孟庆闻，陈惠芬 . 1959. 灰星鲨的解剖（第 1 版）. 上海：华东师范大学出版社 .

孟庆闻 . 1995. 鱼类学实验指导（第 1 版）. 北京：中国农业出版社 .

苏锦祥 . 1995. 鱼类学与海水鱼类养殖 . 北京：农业出版社 .

王军，陈明茹，谢仰杰，等 . 2008. 鱼类学（第 1 版）. 厦门：厦门大学出版社 .

叶富良 . 2002. 鱼类生态学（第 1 版）. 广州：广东高等教育出版社 .

《水产动物营养与饲料》实验

实验一　粗蛋白质的测定（凯氏定氮法）

【实验目的】

（1）掌握饲料中粗蛋白质测定方法。
（2）测定各种样本的粗蛋白质含量。

【实验原理和基础知识】

饲料中含氮物质包括纯蛋白质和氨化物（氨化物有氨基酸、酰胺、硝酸盐及铵盐等），两者总称为粗蛋白质。凯氏定氮法的基本原理是用浓硫酸分解样本中蛋白质与氨化物，使它们含氮物都转变成氨气，氨气被浓硫酸吸收变为硫酸铵。硫酸铵在浓碱的作用下放出氨气。通过蒸馏，氨气随汽水顺着冷凝管流入硼酸溶液，与之结合成为四硼酸铵，后者用盐酸或硫酸标准液滴定，即可测定放出的氨氮量。根据氮量，乘以特定系数（不同饲料中蛋白含氮比例有差别的，例如：荞麦、玉米、豌豆为 6.25，稻米为 5.95，小麦、大麦、谷子为 5.85，大豆为 5.71，小麦糠为 6.31，牛奶为 6.38）即可得出样本中粗蛋白质含量。

【材料与用具】

一、实验器材

凯氏烧瓶，分析天平，玻璃珠，量筒，漏斗，容量瓶，三角瓶，滴定管，移液管，量筒，量筒，半微量凯氏蒸馏器，电炉，蒸气发生瓶，定时钟，毒气柜。

二、试剂

（1）粉末硫酸钾 – 硫酸铜混合物（3:1 研磨混匀）。
（2）浓硫酸、硼酸溶液 2%。
（3）氢氧化钠溶液 30%。
（4）甲基红 – 甲烯蓝混合指示剂（取 200 mL 0.1% 甲基红乙醇溶液与 50 mL 1% 甲烯蓝乙醇溶混匀。此混合指示剂在碱性溶液呈绿色，在酸性溶液紫红色）。
（5）标准盐酸溶液（0.01 mol/L）。

【方法与步骤】

1. 凯氏定氮仪的构造和安装

凯氏定氮仪由蒸汽发生器、反应管及冷凝器3部分组成。蒸气发生器包括电炉及1个1.2 L的烧瓶。蒸气发生器借橡皮管与反应管相连，反应管上端有1个玻璃杯，样品和碱液可由此加入到反应室，反应室中心有1根长玻璃管，其上端通过反应室外层与蒸气发生器相连，下端靠近反应室的底部。反应室外层下端有1个开口，上有1个皮管夹，由此可放出冷凝水及反应废液。反应产生的氨可通过反应室上端细管及冷凝器通到吸收瓶中，反应管及冷凝管之间磨口连接，防止漏气。

安装仪器时，先将冷凝管垂直地固定在铁架台上，冷凝管下端不要距离实验台太近，以免放不下吸收瓶。反应管固定在另一铁架，蒸气发生器放在电炉上，安装完毕不得轻易移动。

2. 消化

（1）称取饲料样本0.5 g两份，粪便样本0.5 g两份，将称样纸卷成筒状，小心无损地将样本放入100 mL洗净烘干的凯氏烧瓶中。另取2个凯氏烧瓶作为对照，测定试剂中可能含有的微量物质。

（2）分别加入硫酸钾，硫酸铜混合物0.2 g，浓硫酸5 mL。再加玻璃珠2粒，以防消化时液体溅失。

（3）在凯氏瓶上加1个小漏斗，将凯氏烧瓶放在消化架的电炉上加热。开始加热时，先用小火，以免瓶内产生大量泡沫，溢出瓶口。等泡沫停止产生后，再加强火力。消化时经常转动烧瓶，使全部样本浸入硫酸内。如有黑泡溅在瓶壁，应待烧瓶冷却后加少量蒸馏水冲洗之，再继续加热消化。如有黑炭粒不能全部消化，则待烧瓶冷却后，补加少量浓硫酸，继续加热，直至瓶内溶液澄清呈透明淡绿色为止，消化才告完毕。

一般饲料消化需3~4 h，消化过程中产生SO_2，有刺鼻味，故需在毒气柜中进行。

（4）烧瓶冷却后加蒸馏水10 mL，摇匀，然后将烧瓶中溶液无损地移入50 mL容量瓶内，用蒸馏水冲洗凯氏烧瓶数次，洗液亦注入容量瓶中，并以蒸馏水稀释至刻度，混匀备用。

3. 蒸馏

（1）蒸馏器的洗涤：蒸气发生器中盛有几滴硫酸酸化的蒸馏水，关闭皮管夹，将蒸馏发生器的水烧开，让蒸气通过整个仪器。15 min后，在冷凝器下端放1个盛有5 mL 2%硼酸溶液和1~2滴指示液的锥形瓶。冷凝管下端应完全浸没在液体中，继续蒸馏1~2 min，锥形瓶内的溶液如不变色则证明蒸馏器内部已洗涤干净。移开锥形瓶通气1 min，用水冲洗冷凝管口，然后用手涅紧橡皮管，由于反应外层蒸气冷缩，压力减低，反应室凝结的水可自动吸出进入，打开皮夹将废水排出。

（2）取50 mL锥形瓶数个，各加入5 mL 2%硼酸溶液和混合指示剂2滴，置于蒸馏装置的冷凝管下，使管口浸入硼酸溶液内。

（3）煮沸蒸气发生瓶中蒸馏水。用移液管取 10 mL 消化液，细心地由凯氏蒸馏装置上的小玻璃杯注入反应室，将小玻璃杯棒状玻璃塞塞紧，使之不漏气。取 10 mL 30% 的氢氧化钠溶液注入小玻璃杯，小心地轻轻提起棒状玻塞，使氢氧化钠溶液流入反应室，立刻将玻塞盖紧，加水于小玻璃杯，使少许水流入反应室以洗涤碱液，部分水留于小玻璃杯，以防漏气。夹紧外套管出口的橡皮管，开始蒸馏。蒸气吹入反应室，用定时钟定时，使氨气通过冷凝管流入锥形瓶的硼酸溶液中，此时锥形瓶中的溶液由紫色变成绿色，蒸馏 3 ~ 5 min，移动锥形瓶，使硼酸液面离开冷凝管，继续蒸馏 1 min，并用少许蒸馏水冲洗管口外壁。将锥形瓶移开蒸馏装置，准备滴定。

（4）蒸馏完毕后，在小玻杯中加满蒸馏水，将玻棒提起流入反应室中，随手夹紧橡皮管以断气源，于是反应室中的残液自动吸入反应室外层，如此冲洗 4 次后将外套管下端出口的橡皮管打开，使反应室外层的残液排出。待残液排完后，夹紧橡皮管。

（5）待样品和空白消化液蒸馏完毕后，同时进行滴定。

4. 滴定

先将微量滴定管准备妥当，用 HCl 标准液滴定。瓶中溶液由绿色变成淡紫色为滴定终点。

【结果计算】

样本中粗蛋白质（$N \times 6.25$）含量% = （$V_3 - V_0$）× N × 0.014 g × 6.25 × （V_1/V_2）× （$100/W$）

式中：W——样本重（g）；

  V_1——消化液稀释容量（mL）；

  V_2——稀释液蒸馏用量（mL）；

  V_3——滴定样本馏出液 HCl 耗量（mL）；

  V_0——滴定试剂空白馏出液的 HCl 耗量（mL）；

  N——HCl 浓度。

说明：（1）系数 6.25 是按照每 100 g 粗蛋白质含有 16 g 氮计算而得。

（2）系数 0.014 即 1 mL 1N HCl 液相当于 0.014 g 氮。

（3）每次测定样本时必须同时做试剂空白试验。

【注意事项】

（1）若试样是含脂类特别多的样品，有时需要增加 H_2SO_4 用量。如果分解冷却后，消化液呈完全固化状态，则是 H_2SO_4 量不足，氮的回收率会降低。

（2）消化时间视不同样品含脂肪、Pr 的量而定，消化液按黑色→黄绿色→绿色→蓝色或浅绿色变化。一般样品消化液呈现绿色后，再消化 30 min 即可。样品消化液通常开始时为黑色，不久变成蓝色澄清状态，这种过程是炭化的有机物完全被氧化的变化，而它绝不表示样品中的氮全部转变为 NH_4^+ 的变化。

（3）消化时，如消化液不易澄清，可将凯氏烧瓶冷却后，缓缓加入 30% H_2O_2 2～3 mL，促进氧化。

（4）用凯氏烧瓶消化时，应在有浓 H_2SO_4 的瓶底部位加热，不使瓶壁的温度过高，以免铵盐受热分解，造成氮的损失。

（5）通入蒸汽蒸馏时，三角瓶中的硼酸接收液温度不要超过 40℃，如果超过 45℃，硼酸对 NH_4^+ 的吸收减弱，会造成损失。

（6）NH_4^+ 是否以 $NH_3\uparrow$ 的形式完全蒸馏出来，可用 pH 试纸或红色石蕊试纸检验馏出液是否呈碱性。

（7）硼酸接收液可按 100:0.25（*V/V*）加入混合指示剂，用稀盐酸或稀碱调节，使成瓦灰色，溶液的 pH 值应为 4.5，蒸馏时直接取用，可使接收液具有灵敏的终点指示。

（8）凯氏烧瓶口放一小漏斗，目的是促进硫酸回流，减少硫酸损失。

【作业与思考】

（1）往消化管加入硫酸钾和硫酸铜的作用？

（2）分析影响结果的因素。

（3）1 kg 饲料中含有 25 g 粗蛋白质，则 1 kg 饲料中含有多少克氮？

实验二　饲料中粗脂肪的测定

【实验目的】

掌握常见饲料原料、饲料及样品中粗脂肪的测定方法。

【实验原理和基础知识】

脂肪能够溶解于有机溶剂乙醚中，通过脂肪分析仪上对饲料中的脂肪进行浸提和冲洗，使溶于乙醚中的脂肪流入抽提瓶内，利用乙醚和脂肪的沸点不同，乙醚的沸点较低，为75℃。通过加热，将乙醚蒸发，然后乙醚遇冷凝水冷却后，反复冲洗饲料。最后将抽提瓶内乙醚蒸发并回收，剩余的即为粗脂肪。

【材料与用具】

一、实验器材

粗脂肪自动测定仪。

二、试剂

无水乙醚等。

【方法与步骤】

（1）将抽提瓶洗干净，在105℃下烘干2 h，取出，在干燥器内冷却30 min，称重。再烘干30 min，称重。两次重量之差小于0.8 mg为恒重。

（2）称取1 g左右的样品放入抽提器内，并用铅笔标号。

（3）在抽提瓶内加入约100 mL无水乙醚。

（4）将抽提瓶放在水浴加热器上，加热并打开冷凝水。抽提约1 h左右。使用玻璃皿收取1滴冲洗的乙醚，挥发后不留下油迹冲洗结束。

（5）冲洗完毕后，关掉旋塞阀，回收乙醚。

（6）取下抽提瓶，在105℃下烘干1 h，取出冷却称重。再烘干30 min，取出、冷却称重。两次重量之差小于1 mg为恒重。

测定结果的计算公式如下：

$$粗脂肪含量（\%）=\frac{m_2-m_0}{m_1}\times100$$

式中：m_0——为恒重抽提瓶质量；

m_1——为试样的质量；

m_2——为抽提瓶加粗脂肪的质量。

【注意事项】

（1）每个试样应取两个平行样进行测定，以其平均值为结果。当粗脂肪含量大于10%（含10%）时，允许相对偏差为5%；当粗脂肪含量小于10%时，允许相对偏差为3%。

（2）风干样和鲜样中粗脂肪的含量可按如下公式计算：

风干样本中粗脂肪（%）＝全样本中粗脂肪（%）×风干样本中干物质（%）；

鲜样本中粗脂肪（%）＝全干样本中粗脂肪（%）×鲜样本中干物质（%）。

（3）索氏脂肪提取器应于实验前洗净并烘干，否则会因试样中某些养分溶于水而造成误差。实验所用乙醚也应为无水乙醚。

【作业与思考】

（1）采用索氏抽提法测定脂肪含量时，所采用的浸提溶剂的选择标准。

（2）样品的粉碎程度以及水分含量对测定结果的影响。

（3）测定饲料的脂肪时，样品粉碎过细会影响结果吗？

实验三　饲料中干物质的测定

【实验目的】

学习饲料中干物质（水分）的测定。

【实验原理和基础知识】

饲料中营养物质，包括有机物质和无机物质均存在于饲料的干物质中。饲料中干物质含量的多少与饲料的营养价值及家畜的采食量均有密切关系。风干饲料例如各种籽实饲料、油饼、糠麸、藁秕、青干草、鱼粉、血粉等可以直接在 100~105℃ 温度下烘干，烘去饲料中蛋白质、淀粉及细胞膜上的吸附水，得到风干饲料的干物质量百分比。含水分多的新鲜饲料如青饲料、青贮饲料、多汁饲料以及畜类和鲜肉等均可先测定初水分后制成半干样本；再在 100~105℃ 温度下烘干，测得半干样本中的干物质量，而后计算新鲜饲料或鲜粪或肉中干物质量百分比。

以下是影响本方法测定饲料中干物质准确度的几种主要因素：

（1）加热时样本中挥发性物质可能与样本中水分一起损失，例如，青贮料中的挥发性脂肪酸。

（2）样本中有些物质如脂肪，在加热时可能在空气中氧化，使样本重量不但不减少，反而会增加。在这种情况下，测定样本中干物质需在真空烘箱或装有二氧化碳的特殊烘箱中进行。

（3）有些饲料，在105℃时可能发生某些化学变化。例如，含糖分高的糖浆。这类饲料应在较低温度和减压条件下进行干燥。

【材料与用具】

一、实验器材

称量瓶（30 mL），干燥器（30 cm 直径），坩埚钳，精密天平，药匙，小毛刷，鼓风烘箱（100~105℃）。

二、试剂

硅胶、凡士林。

【方法与步骤】

（1）称取 200~300 g 刚采集的样品，放入 60~70℃ 烘箱中，5~6 h 后取出。磨碎，制得半干样本。

（2）将洗净的称量瓶放在 100~105℃ 的鼓风烘箱内，开盖烘 1 h。用坩埚钳取出称量瓶，并移入干燥器中冷却约 30 min 后，称重（称量瓶放入烘箱时须启盖，冷却和称重时须严盖）。

（3）在称量瓶中称取 2 g 风干样本（实验饲料）和半干样本。将称量瓶和样本放入 100~105℃ 烘箱内，将瓶盖揭开少许。

（4）样本在烘箱内烘 5~6 h 后紧盖瓶盖，移入干燥器中，冷却 30 min，进行第一次称重。

（5）按照上述方法，继续将称量瓶放入烘箱内，烘 1 h 后进行第二次称重，直至前后两次称重的差数在 0.002 g。

（6）干物质计算值采用数次称重的最低值。

（7）称量瓶中的干物质保留做测定粗蛋白。

【结果计算与方法】

风干样本（或半干样本）中

105℃ 干物质百分含量（%）$= \dfrac{干物质重}{风干样本重} \times 100$ 或 $\dfrac{W_3 - W_1}{W} \times 100$，$\dfrac{W_3 - W_1}{W_2 - W_1} \times 100$

式中：W_1——称量瓶重（g）；

$\quad\quad W_2$——称量瓶重（g）+风干样本重（g）；

$\quad\quad W$——$W_2 - W_1$，风干样本重（g）；

$\quad\quad W_3$——称量瓶重（g）+105℃ 干物质重（g）。

【作业与思考】

某种饲料半干样本 105℃ 干物质百分比为 90%，该饲料空气干燥干物质为 30%，计算该种新鲜饲料的干物质百分比。

实验四 饲料中粗灰分（矿物质）的测定

【实验目的】

（1）掌握饲料中粗灰分（矿物质）测定方法。

（2）测定各种样本的粗灰分（矿物质）量。

【实验原理和基础知识】

饲料中的灰分，即饲料中的矿物质或称无机盐，主要为钾、钠、钙、镁、硫、硅、磷、铁及其他微量元素。测定方法是，将饲料样本中有机物质的主要元素如氮、氢、氧、碳等在高温下（400～600℃）烧灼后被氧化而逸失，所剩残渣总称为"粗灰分"。粗灰分包括饲料中所含各种矿物质元素的氧化物和少量杂质，如黏土、砂石等，纯灰分则不含杂质。杂质无营养价值。

【材料与用具】

一、实验器材

分析天平，坩埚（带盖）（瓷质、容量 30 mL），坩埚钳，干燥器（30 cm 直径），茂福炉（带高温温度计），电热板。

二、试剂

氯化钙（工业用），凡士林，0.5% 氯化铁墨水溶液（称 0.5 g 氯化铁 $FeCl_3 \cdot H_2O$ 溶于 100 mL 蓝墨水中，为坩埚上编号用）20 mL。

【方法与步骤】

（1）将带盖的瓷坩埚用水或稀酸煮沸清洗，烘干，用钢笔蘸氯化铁溶液在坩埚盖上编写号码（号码一律刻在坩埚和坩埚盖的厂牌旁，便于寻找）。

（2）将带盖坩埚放入茂福炉内，在 600℃ 温度下烧灼 30 min（坩埚盖打开一部分），待炉温降至低于 200℃，坩埚移入干燥器中，冷却 1 h 后称重。

（3）在已知重量的坩埚内，称取风干或半干样本 2 g。

（4）将盛样本的坩埚放在电热板上，用小火慢慢炭化样本中的有机物质。此时可将坩坩埚盖打开一部分，便于气体流通。如果炭化时火力太大，则可能由于物质进行剧烈干馏而使部分样本颗粒被逸出的气体带走（这点非常重要，须特别注意）。

（5）待样本炭化至无烟，再将坩埚移入茂福炉中，在600℃温度下烧灼。坩埚盖打开少许，直至样本全部呈白色为止（需2~4 h）。坩埚中灰分如呈灰白色，则灰中仍含有炭质的象征，须再加热。如呈红色则灰中含有铁，如呈蓝色则含有锰，不必继续灼烧。

（6）灼烧完毕，待炉温降至低于200℃，将坩埚移入干燥器内冷却。30 min 后，称坩埚和灰分重。

（7）再将坩埚放入茂福炉中经短时的烧灼（约15 min），又将坩埚移入干燥器内冷却，再称重，直至前后两次称重差数在0.001 g。

【结果与计算方法】

样本中粗灰分含量（%）=

$$灰分重（g）/样本重（g）\times 100 = \frac{W_3 - W_1}{W} \times 100 \text{ 或 } \frac{W_3 - W_1}{W_2 - W_1} \times 100$$

式中：W——样本重（g）；

W_1——坩埚（带盖）重（g）；

W_2——坩埚（带盖）重（g）+样本重（g）；

W_3——坩埚（带盖）重（g）+灰分重。

第一次重（g）=

第二次重（g）=

【注意事项】

（1）取坩埚时须用坩埚钳，坩埚加高热后，坩埚钳需烧热后才能夹取。

（2）在取样较多的，水分含量高、灼烧器皿较小的情况下，单纯延长灼烧时间，有时难以将样本全部灰化，故需加少许水或3% H_2O_2 进行处理，以使中间未灰化的物质露出来（促进氧化），以使灰化完全。

（3）灼烧温度不得超过600℃，否则部分钾、钠、氯生成易挥发物而挥发，温度过高还会使磷酸盐熔融，凝结为固形物将炭粒包埋，使其中所包含之炭粒不易氧化，使测定结果偏低；若温度低于550℃，则灰分灰化不完全，残灰中夹杂部分炭粒，使测定结果偏高。

（4）灰化器一般选用瓷质坩埚，如灼烧后的灰分用于微量元素的测定，可选择坩埚或石英坩埚。

（5）茂福炉各处的温度有较大差异，越深越好，故通常不用炉门前部位置。

（6）灰化前必须使样品预先炭化，以防止直接放入茂福炉时，因急剧灼烧，部分样品或残灰飞散。

【作业与思考】

（1）坩埚加高热后，坩埚钳亦需烧热后才可夹取，理由何在？

（2）如何计算饲料中的有机物质含量的百分比？

实验五　饲料中粗纤维的测定

【实验目的】

测定饲料中的粗纤维。

【实验原理和基础知识】

用浓度准确的酸和碱，在特定条件下消煮样品，再用乙醇除去可溶物，经高温灼烧扣除矿物质的量，所余量为粗纤维。它不是一个确切的化学实体，只是在公认强制规定的条件下测出的概略成分，其中以纤维素为主，还有少量半纤维素和木质素。

【材料与用具】

一、实验器材

（1）实验室样品粉碎机。

（2）分样筛：孔径 1 mm（18 目）。

（3）分析天平：感量 0.000 1 g。

（4）电加热器（电炉）：可调节温度。

（5）电热恒温箱（烘箱）：可控制温度在 130℃。

（6）高温炉：有高温计，可控制温度在 500～600℃。

（7）烧杯：400 mL、带刻度。

（8）抽滤装置：抽真空装置，吸滤瓶和抽滤漏斗（滤器使用200目不锈钢网或尼龙滤布）。

（9）古氏坩埚：30 mL，预先加入酸洗石棉悬浮液30 mL（内含酸洗石棉0.2～0.3 g）再抽干，以石棉厚度均匀、不透光为宜。上、下铺两层玻璃纤维有助于过滤。

（10）干燥剂：以氯化钙或变色硅胶为干燥剂。

二、试剂

（1）硫酸溶液：（0.128 ±0.005）mol/L，氢氧化钠标准溶液标定。

（2）氢氧化钠溶液：（0.313 ±0.005）mol/L，邻苯二甲酸氢钾法标定。

（3）酸洗石棉。

（4）95%乙醇。

（5）乙醚。

（6）正辛醇。

【方法与步骤】

1. 称样

称取 1.000 0 ~ 2.000 0 g 试样，准确至 0.000 2 g，为试样重量（记为 m）。用乙醚脱脂（含脂肪大于 10% 必须脱脂，含脂肪不大于 10%，可不脱脂），放入烧杯中。

2. 酸处理

向烧杯中加浓度准确且已沸腾的硫酸溶液 200 mL 和 1 滴正辛酸，立即加热，应使其在 2 min 内沸腾，调整加热器，使溶液保持微沸，且连续微沸 30 min，注意保持硫酸浓度不变（可补加沸蒸馏水）。应避免试样离开溶液沾到杯壁上。随后用铺有滤布的抽滤漏斗抽滤，残渣用沸蒸馏水洗至中性（可用蓝色石蕊试纸检验）后抽干。

3. 碱处理

用浓度准确且沸腾的氢氧化钠溶液将残渣转移至原烧杯中并加至 200 mL，立即加热，在 2 min 内沸腾，同样准确微沸 30 min，立即在铺有石棉的古氏坩埚上过滤，先用 25 mL 硫酸溶液洗涤，残渣无损失地转移到坩埚中，用微蒸馏水洗至中性（可用红色石蕊试纸检验）。

4. 乙醇处理

再用 15 mL 乙醇分两次洗涤样品，抽干。

5. 乙醚处理

若试样为脱脂样，可省去此步。若未经脱脂处理，则应用 15 mL 乙醚进行洗涤，抽干。

6. 烘干

将装有试样的坩埚放入烘箱，于 (130 ± 2)℃ 下烘干 2 h，取出后在干燥器中冷却 30 min，称重，为 130℃ 烘干后坩埚及试样残渣重（记为 m_1）。

7. 灼烧

将装有试样的坩埚再与 (550 ± 25)℃ 高温炉中灼烧 30 min，取出后于干燥器中冷却 30 min 称重，为 550℃ 灼烧后坩埚及试样残渣重（m_2）。

8. 测定结果的计算

计算公式如下：粗纤维（%）＝ $(m_1 - m_2)/m \times 100\%$。

【注意事项】

（1）每个试样应取 2 个平行样进行测定，以其算术平均值为结果。当粗纤维含量小于

10%时，允许绝对值相差 0.4；粗纤维含量大于 10%时，允许相对偏差为 4%。

（2）粗纤维的测定是在公认强制规定的条件下进行的，因此测定时要严格按照试验中所要求的试剂规格、操作程序进行，否则数据无意义。

【作业与思考】

饲料中纤维素的测定有哪些意义？

实验六　饲料的总消化率及其蛋白质消化率的测定

【实验目的】

掌握用外源指示剂 Cr_2O_3 间接测量鱼、虾饲料消化率的基本方法。

【实验原理和基础知识】

与饲料均匀混合的外源指示剂 Cr_2O_3 完全不被动物吸收而随粪便排出。根据指示剂及蛋白质（或其他营养成分）在食物及粪便中的含量变化。饲料的总消化率和蛋白质的消化率由如下两式给出。

饲料总消化率：$D（\%）= [1 - b/B] \times 100$

蛋白质消化率：$D^{'}（\%）= [1 - (a/A \times b/B)] \times 100$

式中：A——饲料中粗蛋白含量；

$\quad\quad a$——粪便中粗蛋白含量；

$\quad\quad B$——饲料中粗蛋白 Cr_2O_3 含量；

$\quad\quad b$——粪便中粗蛋白 Cr_2O_3 含量。

【材料与用具】

（1）实验鱼：选择易于驯化、习惯实验环境的鱼类（如：罗非鱼、锦鲤、金鱼等）较好。体重 20～25 g，每试验组 10 尾。

（2）水族箱：每试验组配 50～100 L 容积的水族箱 2 个，1 个作投饲槽、1 个作排泄槽。

（3）充氧设备：每水族箱配微型充气泵 1 台。

（4）集粪工具：每组配虹吸管 1 支、漏斗 2 个。

（5）小捞网 1 个。

（6）100 目分样筛 1 个。

【方法与步骤】

1. 试验饲料的制备

试验饲料可直接用市售鱼、虾饲料，经重新粉碎后使用。所有干性原料要经粉碎，并通过 100 目筛。化学纯 Cr_2O_3 也要经过 100 目筛。按每千克干饲料的 1% 准确称取 Cr_2O_3，与少量的干性原料混合，分 4 次逐步扩大到全部干性饲料组分，充分混合均匀，混合操作可在大白搪瓷盆内进行。因 Cr_2O_3 为绿色，所以从盆壁上是否留有团状绿色痕迹来判断混合的均匀程度。混合均匀程度决定试验的成败。平均每组制作 200 g 饲料。

2. 投饲与粪便采集

把试验鱼置于投饲槽、充气，用试验饲料暂养 3 d。每天清理粪便及残饵，并适量换水。停食数小时后，再一次投足量试验饲料让鱼群饱食。然后用捞网把鱼捕到条件完全相同的排泄槽开始观察排粪，排粪后及时用虹吸管收取，经过滤，收集烘干，保存分析用。虹吸过程尽量不要把条状粪便弄破。

为了获得可靠的结果，通常要同时作 3 个平行组，或把排粪后的鱼再移回投饲槽喂饱，再移到排泄槽，再收集粪便，如此重复 2 次。但这里仅为了掌握基本方法、收集足够供分析的粪便即可（约 300 mg 干品）。

3. 样品分析

（1）饲料中粗蛋白质的测定（参考实验一粗蛋白质测定）。

（2）Cr_2O_3 的湿式灰化定量法（参考附录 I Cr_2O_3 含量测定）。

4. 消化率的计算及不同实验组间的结果比较

根据凯氏定氮法测得的饲料及粪便的蛋白质水平以及以上获得 Cr_2O_3 数据，用上述计算公式，便可算出饲料的总消化率及蛋白质消化率。因为不同试验组所用的试验饲料一样，试验鱼及试验条件相似，方法相同，所以其结果有很强的可比性。各试验组可将试验结果与其他组的结果进行比较，并予以讨论。

【作业与思考】

实验鱼的选择及暂养应注意哪些方面？

附录 I   Cr₂O₃ 含量测定

【实验目的】

掌握 Cr_2O_3 指示剂的测定方法。

【实验原理和基础知识】

样品中 Cr_2O_3 能与浓硝酸硝化产生白色固形物，加入过氯酸氧化后，形成褐色化合物，在 350 nm 处存在吸收峰，其吸光度值与 Cr_2O_3 的浓度成正比，可通过测定 350 nm 处测量吸光度值计算 Cr_2O_3 的浓度。

【材料与用具】

分光光度计，比色管，比色架，电炉，凯氏烧瓶，硝酸（相对密度为 1.42），过氯酸（70%），Cr_2O_3。

【方法与步骤】

1. 标准曲线的制定

精确称量 5 mg 分析纯 Cr_2O_3，置于 100 mL 凯氏烧瓶中，加浓硝酸 5 mL，加热氧化约 20 min，当溶液中产生白色固形物时，停止加热。冷却后，徐徐注 3 mL 过氯酸，加热使溶液从绿色经黄色而急变为褐色，再继续加热 10 min，冷却后以蒸馏水定容至 10 mL，作为母液。每毫升含 Cr_2O_3 为 0.5 mg。从母液中分别吸取 0.9 mL 于 10 mL 容量瓶中，用蒸馏水分别定容至 10 mL，便得到相当于 100 mL 溶液中含 Cr_2O_3 为 0.5 mg、1.0 mg、1.5 mg、2.0 mg、2.5 mg、3.0 mg、3.5 mg、4.0 mg 和 4.5 mg 的浓度系列溶液，测定 350 nm 处吸光度值。

2. 样品测定

精确称量样品 80 mg（含 Cr_2O_3 1～3 mg）置于 100 mL 凯氏烧瓶中，按标准曲线的方法进行硝化，然后以蒸馏水定容至 100 mL，测定 350 nm 处吸光度值。

【计算】

（1）以 Cr_2O_3 浓度为横坐标，350 nm 处吸光度值为纵坐标，绘制标准曲线，获得标准曲线方程。

（2）根据样品 350 nm 处吸光度值，利用标准曲线方程计算样品中 Cr_2O_3 含量。

附录Ⅱ　无氮浸出物的计算

【目的】

根据饲料分析结果，学习计算饲料中无氮浸出物的含量。

【原理和基础知识】

饲料中无氮浸出物主要包括淀粉、双糖、单糖、低分子有机酸和不属于纤维素的其他碳水化合物等。由于无氮浸出物的成分比较复杂，一般不进行分析，仅根据饲料中其他营养成分的分析结果计算而得，饲料中各种营养成分都包括在干物质中，因此饲料中无氮浸出物含量可按下式计算：

$$无氮浸出物（\%）= 干物质（\%）-［粗蛋白质（\%）+$$
$$粗脂肪（\%）+粗纤维（\%）+粗灰分（\%）］$$

由于不同种类饲料的无氮浸出物所含上述各种养分的比例差异很大（特别是木质素），因此无氮浸出物的营养价值也相差悬殊。

【计算方法】

（1）根据风干样本中各种营养的分析结果，计算风干样本中无氮浸出物的含量，直接用上式计算。

（2）如果样本是新鲜饲料，首先计算总水分，得出新鲜样本的物质含量，再将测得风干样本各种营养成分含量的结果换算成新鲜饲料中营养成分含量。换算方式如下：

$$风干样本中干物质（\%）= 80$$
$$风干样本粗蛋白质（\%）= 12$$
$$鲜样本中干物质（\%）= 30$$
$$鲜样本中粗蛋白质（\%）= 风干样本中粗蛋白质（\%）\times$$
$$［鲜样本中干物质（\%）/风干样本中干物质（\%）］= 12 \times 30/80 = 4.5$$

新鲜样本中干物质、粗蛋白质、粗脂肪、粗纤维和粗灰分的百分数均换算完毕后，便可代入上式计算新鲜样本中的无氮进出物含量。

【注意事项】

（1）各种营养成分计算时，样品水分含量应一致，否则应统一折算。

（2）动物性饲料（例如血粉、骨粉、羽毛粉等），可不计算 NFE 含量。

（3）分析对象是风干或半风干饲料样品，可直接根据各种营养成分的分析结果计算 NFE 含量；若是新鲜饲料，则需先测得半干样品的养分含量。

【参考文献】

李爱杰 . 1996. 水产动物营养与饲料学 ［M］. 北京：中国农业出版社.

水产动物营养与饲料学实验指导 . 华中农业大学讲义.

吴灵英 . 水产动物营养与饲料学实验指导 . 武汉工业学院讲义.

杨胜 . 2003. 饲料控制与质量分析 ［M］. 北京：中国农业出版社.

张宏福，等 . 2003. 饲料企业质量管理手册 ［M］. 北京：中国农业出版社.

张丽英 . 2007. 饲料分析及饲料质量检测技术（第 3 版）［M］. 北京：中国农业大学出版社.

《水产生物遗传育种学》实验

实验一　染色体的制备与观察

I　植物染色体压片的制备

【实验目的】

学习植物材料的固定方法和常规压片技术，观察在有丝分裂过程中染色体的动态变化，掌握核型分析的原理和方法。

【实验原理和基础知识】

具有自我复制能力是生命的一个基本特征。单细胞生物可以通过细胞分裂直接复制自身，而多细胞生物从受精卵开始，经过有丝分裂使细胞不断增殖并经过一系列复杂的分化过程形成新一代个体。对于多细胞生物体来说，无论是体细胞还是生殖细胞一般都是通过有丝分裂实现细胞增殖的，而生殖细胞在形成配子时才经历了减数分裂的细胞分裂形式。正是由于人们在 19 世纪逐渐了解了有关细胞分裂的知识，才能够对孟德尔定律有了比较深刻的认识。从细胞分裂中染色体的行为推断出基因位于染色体上，使人们对于遗传因子（genetic factor）的认识提高到一个新的水平。

一般来说，只要是能够进行细胞分裂的植物组织或是单个细胞都可以作为观察染色体的材料。如植物的顶端分生组织（根尖和茎尖）、居间分生组织（禾本科植物的幼茎及叶壳）、愈伤组织和胚乳、萌发的花粉管等，在这些组织内不断进行着细胞分裂。只要我们适时取材，并加以固定、离析、染色等处理后制成染色体玻片标本，即可利用显微镜对有丝分裂和染色体进行观察。这是细胞遗传学中最为基本和常用的方法，在物种亲缘关系鉴定、染色体变异、杂种分析等工作中有着广泛的用途。

核型（karyotype）是指细胞核内染色体群的形态而言，是一个物种的体细胞内染色体数目、形态、长度等情况的总和。因此可以用核型代表生物的不同类型和特征。一般来说，每条染色体着丝粒的位置是恒定的。染色体的两臂常在着丝粒处呈不同程度的弯曲。着丝粒位置的测定常用 Evans 提出的方法（表 1），即以染色体的长臂（L）和短臂（S）的比值来表示。

表1　着丝粒位置的测定

	臂比（长臂/短臂）	表示符号
正中着丝粒	1	M
中部着丝粒	1~1.7	m
近中着丝粒	1.7~3.0	sm
近端着丝粒	3.0~7.0	st
端部着丝粒	7.0以上	t

【实验方法】

一、试剂及其配制

（1）无水乙醇，70%乙醇，冰醋酸，秋水仙素，醋酸钠，碱性品红，石炭酸，福尔马林，山梨醇，纤维素酶，果胶酶，中心树脂，二甲苯。

（2）卡诺氏固定液：甲醇∶冰醋酸＝3∶1（体积比），现配现用。

（3）酶液的配制：以0.1 mol/L醋酸钠为溶剂，配成纤维素酶（2%）和果胶酶（0.5%）的混合液。

（4）染色液的配制：母液A，称取3 g碱性品红，溶解于100 mL的70%酒精溶液中（可以长期保存）；母液B，量取母液A 10 mL，加入90 mL 5%的石炭酸水溶液（数日内可以使用）。石炭酸品红染色液：取母液B 45 mL，加入6 mL冰醋酸和6 mL福尔马林。

二、仪器及用品

显微镜，测微尺，解剖针，培养皿，恒温水浴锅，温度计，烧杯，量筒，染色缸，新鲜洋葱，蚕豆或大蒜。

三、实验步骤

1. 材料的准备和取材

将豌豆或小麦的种子放在烧杯内，加入适量清水置于室温下过夜，使种子充分吸水膨胀（蚕豆种子大，浸泡时间可长些，具体时间视种子吸水情况而定）。将吸水膨胀的种子捞出后用蒸馏水清洗干净，然后在垫有湿纱布的培养皿或搪瓷盘内进行萌发，萌发的适宜环境温度为26℃。若用种子萌发的根尖取材，以生长到1~2 cm比较好。若根尖长得太长，则生长势减弱，分裂相就较少。而较大的种子如蚕豆用侧根较好，而且还可以节省大量种子。

洋葱根尖的培养较为简单，把洋葱上的老根用解剖刀削净，然后在搪瓷盘上放一筛网或用线绳在盘上拉几道线成网状，在搪瓷盘内放入适量清水，将处理后的洋葱球茎放在网上使之刚好接触到水面。也可将洋葱直接放在装满水的烧杯上，使洋葱球茎接触到水面。

188

在26℃下培养，当其根长到1～2 cm 长时取材。

2. 预处理

将根尖放到对二氯苯饱和水溶液或0.02%秋水仙素溶液中，浸泡处理3～4 h。

3. 固定

经过预处理的根尖，再放到卡诺固定液中，固定24 h。固定材料可以转入70%酒精中，在4℃冰箱中保存，保存时间最好不超过2个月。

4. 解离（两种方法均可）

（1）酸解：从固定液中取出大蒜或洋葱根尖，用蒸馏水漂洗，再放到0.1 mol/L HCl 中，在60℃水浴中解离8～10 min，用蒸馏水漂洗后，放在染色板上，加上几滴改良石炭酸品红染色液，根尖着色后即可压片观察。

（2）酶解：取大蒜或洋葱的固定根尖，放在0.1 mol/L 醋酸钠中漂洗，用刀片切除根冠以及延长区（根尖较粗的蚕豆，可以把根尖分生组织切成2～3片），把根尖分生组织放到醋酸钠配制的纤维素酶（2%）和果胶酶（0.5%）的混合液中，在28℃温箱中解离4～5 h，此时组织已被酶液浸透而呈淡褐色，质地柔软而仍可用镊子夹起，用滴管将酶液吸掉，再滴上0.1 mol/L 醋酸钠，使组织中的酶液渐渐渗出，再换入45%醋酸。酶解后的根尖如果用于分带或姐妹染色体交换，可用45%的醋酸压片；如用于核型分析等常规压片，可在石炭酸品红溶液中染色。

5. 压片

染色后的根尖放在清洁的载玻片上，用解剖针把根冠及延长区截去，盖上盖玻片。用镊子柄轻敲盖玻片，分生细胞即可铺成薄薄一层，再用吸水纸将多余的液体吸去。置于显微镜下观察，选择理想的分裂细胞，在其附近轻敲打可使重叠的染色体逐渐分散，以得到理想的分裂相。

6. 封片

将压好的玻片标本置于冰箱冷凝器上迅速冻结后，用刀片快速将载玻片剥下，使用电吹风将载玻片吹干后，经二甲苯透明后加入中性树胶，盖玻片封片即成永久封片。

【注意事项】

（1）压片时所取材料要少，避免细胞过多产生重叠，在压片制作过程中镊子用力要均匀，切忌滑动盖玻片。

（2）一般来说，在制成的染色体玻片标本中，染色清晰而且分散良好的中期分裂相总是少数，所以，在压片之后需要认真地进行镜检。镜检时先用低倍镜进行观察，找到一个好视野后再转用高倍镜观察。合格的制片，可用防水墨水在盖片和载片的交界处划线作号，作为制作永久制片时封片的标记。

【思考题】

（1）固定液的作用是什么？在使用固定液时应注意什么？

（2）根据你的实验情况总结出制备好一张优良的细胞分裂标本应注意哪些问题？

Ⅱ 肾细胞染色体标本的制备

【实验目的】

掌握鱼肾细胞染色体标本的制备方法。

【实验原理】

随着低渗处理、空气干燥和细胞培养技术的兴起与发展，自1966年Ojima等采用空气干燥法分析了金鱼和鲫鱼的染色体组型以来，鱼类染色体的研究获得了长足发展。PHA（植物血球凝集素）广泛应用于诱导细胞在体外有丝分裂，使得鱼类染色体制片的血细胞、鳞细胞及头肾细胞等短期培养制片技术建立。将肾细胞、淋巴细胞等的染色体按照其大小、着丝粒位置、臂长比例等有序的配对和排列起来，称之为染色体核型或染色体组型。染色体核型代表了1个物种的染色体特征，在生物分类与遗传育种等方面得到了广泛的应用。

【实验方法】

一、试剂及其配制

（1）PHA、Carnoy固定液、0.8%的生理盐水、0.075 MKCl低渗液。

（2）秋水仙素（100 μg/mL）：称取10 mg秋水仙素加入10 mL水，此为原液。使用时将原液稀释10倍或根据需要量使用。

（3）Gimesa染液：将1 g吉姆萨粉末置入研钵中，量取66 mL甘油，首先加入少量甘油，研磨至无颗粒物，然后将余下甘油倒入，并在56℃恒温箱中保温2 h，然后再加入甲醇66 mL混合，转入棕色瓶中避光保存。

二、仪器及用品

（1）光学显微镜，离心机，超净工作台，无菌手套，恒温培养箱，无菌培养瓶，冰箱，10 mL离心管，注射器，眼科剪，培养皿，胶头玻璃滴管，载玻片，盖玻片，酒精灯，镊子等。

（2）泥鳅、鲤鱼或鲫鱼。

三、实验步骤

（1）在28℃左右的水温下培育实验鱼3 h。

（2）对实验鱼注射PHA，剂量为5 μg/g体质量。

（3）间隔12 h后再次注射PHA。

（4）在解剖取材前的 2~6 h，注射秋水仙素，剂量为 2~4 μg/g 体质量。

（5）解剖实验鱼，取出头肾组织于盛有 0.8% 的生理盐水的培养皿中，用剪刀剪碎材料。

（6）将含有肾细胞的溶液移于离心管中，使用玻璃滴管反复吹打。

（7）静置 5 min 后，小心吸取上清液转入另一洁净离心管中，弃沉淀。

（8）1 000 r/min 离心 5 min，弃上清液；将收集的细胞沉淀在 0.075 MKCl 低渗液中低渗 40~60 min。

（9）1 000 r/min 离心 5 min，收集沉淀；在甲醇和冰醋酸（3:1）混合液中固定，离心后，再固定。

（10）重复步骤（9）两到三次。

（11）在冷冻的玻片上滴片，火焰干燥。

（12）Giemsa 染料染色。

（13）光学显微镜下镜检，首先在低倍镜下找到较好的染色体分裂相，然后使用高倍镜（油镜）仔细观察染色体的形态，并区分它们的类型。

【注意事项】

（1）不同种类鱼的培养水温不同，肾细胞制片实验一般在最适生长水温培育实验鱼数小时可获得较好的结果。

（2）PHA 的效价低或用量不足则培养效果差，但浓度大也会导致红细胞凝固影响细胞生长。

【思考题】

（1）滴片时为何要保持一定的高度？为何要使用冰冻的玻片？

（2）低渗的时间长短对实验有什么影响？

实验二 单性状选择方法

【实验目的】

掌握质量性状遗传与数量性状遗传的差别；掌握个体选择、家系选择、家系内选择和合并选择的具体原理、方法和应用。

【实验原理和基础知识】

水产生物的育种性状分为质量性状和数量性状两类，品种的选育就是对这两类性状的筛选纯化过程。对于质量性状选择的基本工作就是对特定基因型的判别。鉴于大多数质量性状的不同基因型均有界限分明的表型效应，所以判断不同基因型的主要依据是其表现型。数量性状变异中，从观测值难以直接推算其基因型，遗传学理论认为：基因型值（G）和表现型值（P）之间存在数量相关的关系 $P = G + E + I_{GE}$，其中 G 是由控制某个体的某一数量性状基因型所决定的部分，E 是由某个体的性状表现受到环境作用而产生的差异，I_{GE} 则是基因型和环境的相互作用偏差效应值。

数量性状的选择受性状的变异程度、性状的遗传力与人工选择方式三方面因素的影响。变异程度和遗传力是物种内部属性，也是影响选育效果的主要因素。人工选择方式则是影响选育效果的外部因素。有关选择的指标如下。

选择差和选择强度

选择差（S）是由被选择个体组成的留种群数量性状的平均数（Y_P）与群体均数（$\bar{y}$）之差：$S = Y_P - \bar{y}$，选择差越大说明所选择性状的变异程度就高，可选择的潜力也就越大。

选择强度（I）是标准化的选择差，在数值上等于选择差（S）除以被选择群体的表型值标准差（δ），即 $I = S/\delta$。

选择压力（P）是指选作育种对象的个体数（n）占选择前群体总个体数（N）的百分比值，即 $P = n/N$。假定每1 000尾鱼选出1尾，选择压力为 $P = 0.1\%$。水产生物具有繁殖力强、后代数量多的特点，对于采用较高的选择压力有明显的优势，实际工作中常采用 $0.2\% \sim 2\%$ 的选择压力。

选择效应（R）是衡量选择效果的指标，指选育性状经过1个世代的选择后，性状平均值的变化情况，在数值上等于选择亲本所繁殖的子代表型平均值（Y_f）减去选择前群体的表型平均值（Y），即 $R = Y_f - Y$。

在动物育种的某一阶段，可能需要对单性状选择。能够利用的信息，除个体本身的表型值以外，最重要的信息来源就是个体所在家系，即家系平均数。单性状选择方法，就基于个体表型值和家系均值。传统的选择方法分为 4 种，即个体选择、家系选择、家系内选择和合并选择。

【实验方法】

一、仪器及用品

计算机分析软件或电子计算器等。

二、实验步骤

个体的表型值可划分为 2 个组分，即个体所在的家系均值（P_f）和个体表型值与家系均值之差（$P_i - P_f$），也称为家系内偏差，用 P_w 表示，因此，个体表型值、家系均值和家系内偏差三者之间有以下关系式：

$$P_i = P_f + P_w$$

如果对上式中 2 个组分分别给予加权，合并为一个指数 I 的话，则有公式为：

$$I = b_f P_f + b_w P_w$$

1. 个体选择

也称为群选，只是根据个体本身性状的表型值选择，不仅简单易行，而且在性状遗传力较高，表型标准差较大时，采用个体选择是有效的，可望获得好的选育效果，因此在一些育种方案中可以使用这种选择方法。当 $b_f = b_w = 1$ 时，则有 $I = P_f + P_w$，即是个体选择。

2. 家系选择

家系指的全同胞或半同胞家系，此种方式以整个家系为一个选择单位，只根据家系均值的大小决定家系的去留，当 $b_f = 1$，$b_w = 0$ 时，则有 $I = P_f$。选中的家系全部个体都可以留种，未中选的家系的个体，不作留种。家系选择中有两种情况，第一种是当被选个体参与家系均值的计算，这是正规的家系选择；第二种是被选个体不参与家系均值的计算，实际上是同胞选择。家系选择适用于遗传力低的性状，在相同留种率的情况下，这种选择方法所需选留群体的规模，要比个体选择大。

3. 家系内选择

家系内选择是根据个体表型值与家系均值的偏差来选择，不考虑家系均值的大小，当 $b_f = 0$，$b_w = 1$ 时，则有 $I = P_w$，即是家系内选择。每个家系都选留部分个体。因此家系内选择的使用价值主要在于小群体内选配、扩繁和小群保种方案中。

4. 合并选择

前 3 种选择方法各有其优点和缺点，为了将不同选择方法的优点相结合，可以采取同时使用家系均数和家系内偏差两种信息来源的方法，即合并选择。根据性状遗传力和家系内表型相关，分别给予这两种信息以不同的加权，合并为一个指数 I，即 $I = b_f P_f + b_w P_w$，当 $b_f \neq 0$，$b_w \neq 0$ 时，便是合并选择。这里，I 是对 P_w 和 P_f 加权后的指数；b_w 是家系内离差的遗传力；b_f 是家系均值的遗传力。

5. 选育实例分析

表 1 给出了 5 条雌鱼（家系）各有 5 条 6 月龄仔鱼，若选留 5 条，请问分别采用个体选择、家系选择、家系内选择和合并选择，各将会留下哪些仔鱼？

表 1　5 个家系 6 月龄仔鱼的个体质量及其平均值

家系（窝）	个体 6 月龄体质量（g）					家系均值
1	A　105	B　95	C　80	D　75	E　70	$\overline{X_1}=85$
2	F　85	G　80	H　70	I　60	J　55	$\overline{X_2}=70$
3	K　105	L　90	M　80	N　65	O　60	$\overline{X_3}=80$
4	P　110	Q　105	R　100	S　85	T　75	$\overline{X_4}=95$
5	U　85	V　80	W　75	X　70	Y　65	$\overline{X_5}=75$
						$\overline{X}=81$

【注意事项】

（1）影响选择育种效果的三大要素是遗传力、性状变异程度和人工选择情况。遗传力强的性状选择容易奏效，遗传力低的性状选择不容易见效。被选择群体的遗传变异量大小对于选择效果具有十分明显的影响，变异大的表型标准差也大，选择也越有效。选择强度直接影响选择效果，人工选择要以变异量大的群体作为育种对象，并加大选择差以提高选择强度。

（2）选择育种中除了以上提及的直接选择方法外，还有间接选择法。如有些重要的经济性状的遗传力很低，直接选择效果不佳；有些性状只能在一种性别中度量；有些性状不能在活体上测量；有些性状在个体一定年龄时才有表现等。对这些不容易直接进行选择的性状，可以进行间接选择，提高选择效果。

【思考题】

（1）根据所掌握的单性状直接选育方式，对表 1 的实例进行留种选择。

（2）试分析数量性状选育与质量性状选育的异同。

实验三 杂交育种方案的制订

【实验目的】

通过设计和制订水产动物杂交育种方案，深入理解和掌握杂交培育新品种的主要步骤、不同时期的任务和重点以及主要技术措施。

【实验原理和基础知识】

杂交育种是水产动物育种工作中的一项重要内容，它可以应用杂交改良品质，也可以通过杂交培育新的品种。它有力地推动着水产业的繁荣和发展，有效地满足生产和人民生活的需要。通过培育适合本地条件而生产力又高的水产品种，有助于增加生产和发展生产。通过培育具有良好抗逆性的水产新品种，有助于稳定高产。根据已有的培育新品种的经验和当前水产科学进展的动态，培育水产新品种的途径有选择育种、诱变育种、杂交育种和分子育种的新途径。选择育种历史悠久，是人们长期以来使用的方法，但由于需要时间长，效果不稳定，很难适应现代育种的要求。诱变育种和分子育种虽在植物、微生物等领域取得了较大的进展，但应用于水产育种尚处在探讨之中。

水产动物品种和品系间的杂交，不但用于产生杂种优势，也用于培育新品种，因为通过杂交易于获得所需要的变异，不少水产新品种来自杂交育种，特别是近年来应用更为普遍。这种杂交育种就是运用杂交能从 2 个或 2 个以上品种创造新的变异类型，并且通过育种手段能将它们固定下来的原理，而进行的一种新品种的培育工作。这主要是由于不同的品种具有各自的遗传基础，通过杂交时的基因重组能将各亲本的优良基因集中在一起，同时由于基因的互作可能产生超越亲本品种性能的优良个体，并且通过选种、选配和培育等手段可能使有益基因得到相对的纯合，从而能使它们具有相当稳定的遗传能力。目前，利用现有品种进行有目的的杂交育种，是培育水产新品种工作中的一条重要且常用的途径。

【实验方法】

一、仪器及用品

各野生品种或养殖品种的性能资料，品系的系谱资料等。

二、实验步骤

制订水产动物杂交育种方案，包括杂交育种的意义、目的和作用；杂交育种的原则；

杂交育种的主要步骤、每个阶段的任务及其主要技术措施；杂交培育新品种应注意事项等。

设计提示：①先大量查阅文献资料；②在设计杂交育种方案中写清原理和目的；③确定参与杂交种、品种及其基础群的数量和质量要求；④确定杂交育种目标。

总体目标：如培育适应我国养殖环境的鱼类为基本方向，在保持某鱼类基本体型、外貌，无遗传缺陷的基础上，以繁殖、生长和抗病三个方面性状为改进重点，重视提高和改善鱼肉质量。

具体育种指标：繁殖性状；生长性状；抗病性状；体型外貌。

杂交培育新品种的主要步骤：

（1）杂交：杂交的方法采用引入杂交或级进杂交。选配主要采用异质选配，目的是通过杂交，使不同品种的基因重组，杂交后代中出现理想的个体。

（2）自群繁育：目的是通过理想杂种个体群内的自群繁育，使目标基因纯合和目标性状稳定遗传。主要采用同型交配方法或近交。

（3）扩群提高：目的是迅速增加其数量和扩大分布地区，培育新品系，建立品种整理结构和品种品质，完成一个品种应具备的条件。主要采用纯种繁育的方法。

【注意事项】

（1）要慎重选择杂交用品种及个体；杂交要适当，固定理想型时要适当采用近交。

（2）对杂种要严格进行选留和认真培育。

（3）积极繁育理想型个体和大力推广理想型个体，及时建立品系等。

【思考题】

（1）云斑尖塘鳢（泰国笋壳鱼）的体色黄色、体型中等，利用粗饲料能力弱，抗病力较弱。但它生长较缓慢，市场价格高。线纹尖塘鳢（澳洲笋壳鱼）的体色发黑，生长快、饲料利用率高，抗病力较强，但市场价格不高。杂交笋壳鱼就是用泰国笋壳和澳洲笋壳鱼交培育而成的。请以杂交笋壳鱼的培育为例，制订其杂交育种的方案。

（2）石斑鱼类是我国南方重要的海水养殖种类，主要有点带石斑鱼、棕点石斑鱼、鞍带石斑鱼等，不同石斑鱼具有不一样的生物学特征和养殖性能。请调查研究各种石斑鱼资料，试设计一套杂交育种方案。

（3）讨论我国鱼类杂交模式目前的状况及未来的发展方向。

实验四　鱼类杂交育种操作

【实验目的】

通过对人工催产、人工授精和苗种培育的操作，掌握鱼类杂交育种的基本原理和方法。

【实验原理和基础知识】

鱼类自然繁殖要求一定的季节与环境，是在水温、水流、溶氧、光照、水位，以及性引诱和卵的附着物等外界因素有机结合的条件下进行的。这些生态因子刺激成熟亲鱼的感觉器官时，使得亲鱼产生特定的神经冲动，并通过神经纤维传入中枢神经，使得下丘脑释放激素刺激脑垂体，脑垂体间叶分泌促性腺激素，使卵细胞和精细胞成熟。在卵母细胞成熟变化过程中，滤泡膜破裂并进行排卵和产卵；雄鱼的精液量显著增加，并出现性行为。

目前大多数养殖鱼类的人工繁殖技术已经建立，整个过程可分亲鱼培育、催情、授精和孵化 4 个环节。①亲鱼培育。是将达到性成熟年龄的亲鱼培育至性腺发育成熟的过程。亲鱼达到性成熟年龄后，性腺发育要求提供适口而营养丰富的饵料。在进行人工繁殖前约 1 个月，应适当减少投饵和施肥量，并每日冲注新水 4 ~ 6 次，促其性腺进一步发育。性腺发育良好的雌鱼在外形上腹部膨大、下腹松软、泄殖孔红润，可选作催情用鱼；雄鱼当轻压下腹部时有入水即散开的乳白色精液流出，方可选用。②催情。对卵巢出现上述性状的亲鱼，须注射催情剂促其发情、产卵。常用的催情剂有促黄体生成素释放激素类似物、人绒毛膜促性腺激素等。此外，适宜的生态环境条件对促使亲鱼正常发情产卵也有良好作用。③授精。自然授精是催情后的亲鱼在产卵池中自行产卵、排精、完成受精作用。人工授精是在亲鱼发情高潮将要产卵时，进行采卵、采精，使成熟的精、卵在盛器内完成受精作用。④孵化。将受精卵置于孵化工具中，给予合适的温度、溶解氧等条件孵化成仔鱼。

鱼类杂交育种技术就是建立在人工繁殖技术的基础上的。由于人工催产和人工授精的可能，在人工繁殖过程中，可以方便的获得大量精子与未受精的卵子，将不同品种或种类的精卵人工混合即可完成配子的杂交，从而获得杂交子代个体。

【实验方法】

一、试剂及其配制

市售的 LHRH - A_2 与 HCG，按照 LHRH - A_2 1 ~ 2 μg/kg，HCG 200 ~ 500 U/kg 的剂量

注射亲鱼；将自来水转入大桶或大盆中，曝气 24 h 备用。

二、仪器及用品

（1）室内水池养殖设备，水盆，大桶，注射器，温度计，剪刀，镊子，移液器，小烧杯，纱布，培养皿，体视镜等。

（2）不同品系或物种的成熟亲鱼（如泥鳅、金鱼等）。

三、实验步骤

（1）亲鱼的催产，选取性腺发育成熟的亲鱼作为人工催产的材料。性腺发育良好的雌鱼在外形上腹部膨大、下腹部松软；雄鱼压迫下腹部时有乳白色精液流出。将不同品系的成熟金鱼（狮子头、灯泡眼等）或泥鳅（大鳞副泥鳅、大鳞泥鳅）注射催产激素，雌鱼按照 LHRH – A$_2$ 2 μg/kg，HCG 500 U/kg 的剂量混合注射；雄鱼剂量减半。实验前一天下午对亲鱼注射催产激素，并将雌雄鱼置于同一亲鱼容器内。

（2）人工授精，在亲鱼发情高潮将要产卵时（催产次日清晨至上午），将雌雄鱼分别捞出，用干燥的纱布将泄殖腔周围的水分擦干，杂交授精实验分为 4 组：A 组，将狮子头金鱼的精子和卵子挤入同一干燥培养皿中；B 组，将灯泡眼金鱼的精子和卵子挤入同一干燥培养皿中；C 组，将狮子头雌性金鱼卵子和灯泡眼雄性金鱼精子挤入同一干燥培养皿中；D 组，将灯泡眼雌性金鱼卵子和狮子头金鱼精子挤入另一组干燥培养皿中，混合均匀后加入清水，完成人工授精。

（3）胚胎孵化，将 4 个组的受精卵分散至多个培养皿中静置于室内孵化，每隔 30 min 观察记录 1 次，每 4 h 更换培养水 1 次，直至幼苗孵出。

（4）杂种品系的鉴定，比较分析自交组合与两个品种正反交组合幼苗的形态学差异。

【注意事项】

（1）不同种鱼类的催产合适剂量存在差异，可以根据具体情况调整。

（2）人工授精时注意保持泄殖腔口与容器的干燥，避免精子和卵子在未混合前遇水激活。

（3）如果采用泥鳅作为实验材料，由于泥鳅精巢的网络状结构不容易将精子从泄殖腔挤出，授精前将雄鱼剖开，取其精巢置于干燥培养皿中，用剪刀剪碎，制成精巢匀浆液后再将卵子挤入其中。

【思考题】

（1）不同品系杂交的正反交子一代存在差异的原因是什么？

（2）对鱼类进行人工催产和人工授精操作应该注意哪些事项？

实验五　系谱的编制和识别

【实验目的】

系谱的编制是育种中常用的技术手段，要求通过编制几种系谱，掌握系谱编制的原理及应用方法。

【实验原理和基础知识】

系谱是系统记载祖先情况的一种文件，是进行育种工作不可缺少的一种重要资料。根据它可以确定水产动物的来源和它们之间的血统关系，并可根据祖先的性状分析，作出遗传性的近似推断，预测后裔品质的优劣。个体系谱的编制可分为：①竖式系谱；②横式系谱；③结构式系谱；④箭头式系谱。

【实验方法】

一、仪器及用品

直尺和坐标纸。

二、实验步骤

1. 竖式系谱

（1）又称直式系谱，其编制原则是：子代在上，亲代在下；母本在左，父本在右，逐代填写；亲代为第一代，祖代为第二代，曾祖代为第三代，依此类推，均用罗马字Ⅰ、Ⅱ、Ⅲ……表示代数并位于系谱的右方。

（2）子代竖式系谱各祖先血统关系的模式：

表1　子代

母				父				Ⅰ亲代
外祖母		外祖父		祖母		祖父		Ⅱ祖代
外祖母的母亲	外祖母的父亲	外祖父的母亲	外祖父的父亲	祖母的母亲	祖母的父亲	祖父的母亲	祖父的父亲	Ⅲ曾祖代

2. 横式系谱

（1）又称括号式系谱，其编制原则是：逐代自左至右排列，子代在左，亲代在右；父本在上，母本在下；各水产品种的父母用括号联系起来。系谱正中可划一横虚线，表示上半部为父系祖先，下半部为母系祖先。

（2）横式系谱各祖先血统关系的模式：

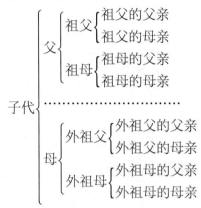

3. 结构式系谱

又称系谱结构图，结构式系谱比较简单，无需注明各项内容，只要能表明系谱中的亲缘关系即可。其编制原则如下：

父本用方块"□"表示，母本用圆圈"○"表示。

（1）绘图前，先将出现次数最多的共同祖先找出，放在一个适中的位置上，以免线条过多交叉。

（2）为使制图清晰，可将同一代的祖先放在一个水平线上。有的共同祖先在几个世代中重复出现，则可将它放在最早出现的那一代位置上。

（3）同一只动物，不论它在系谱中出现多少次，只能占据一个位置，出现多少次即用多少条线条来连接。

4. 箭头式系谱

箭头式系谱（图1）是专供作评定亲缘程度时使用的一种格式，凡与此无关的个体都可不必画出。

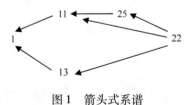

图1　箭头式系谱

【思考题】

（1）根据下列资料，编出金鱼母本 188 号的竖式系谱、横式系谱、结构式系谱和箭头式系谱。

188 号的父亲是 13 号，母亲是 166 号；

13 号的父亲是 12 号，母亲是 123 号；

166 号的父亲是 13 号，母亲是 130 号；

130 号的父亲是 12 号，母亲是 160 号；

123 号的父亲是 44 号，母亲是 151 号；

12 号的父亲是 70 号，母亲是 151 号。

（2）根据某养殖品系部分资料，绘出系谱图。

编号	性别	父	母	母父	母母	母母父	母母母
54	♀	41					
48	♂						
57	♂	48	49	41			
87	♀	48	54	41			
88	♀	48	54	41			
59	♂	57	83	48	54	41	
113	♀	57	88	48	54	41	
103	♀	57	87	48	54	41	
137	♀	59	113	57	88		
122	♀	59	88	48	54	41	
130	♀	59	88	48	54	41	
138	♀	59	103	57	87	48	54
50	♂	50					
158	♀	50	137	59	113	57	88
151	♀	50	88	48	54	41	
155	♀	50	122	59	88		
150	♀	50	88				
171	♀	50	130	59	88		
173	♀	50	130	59	88		
152	♀	50	138	59	103	57	87
153	♀	50	138	59	103	57	87
265	♀	50	150	50	88	48	54

实验六　江蓠的诱变育种

【实验目的】

认识江蓠不同世代的形态特征，了解江蓠生殖方式，掌握化学诱变育种方法。

【实验原理和基础知识】

遗传与变异是生命发展中的两个方面，构成一对矛盾，它们在生物世代延续中的对立与统一推动了生物的进化。没有变异生物界就失去进化的动力和材料，遗传只能是简单的重复；没有遗传变异不能巩固和积累，生命会失去稳定性和连续性，生物也无法进化。生物的变异主要表现在 3 个方面：①有性生殖引起的变异，这种变异的动力来源于不同个体、品种和物种基因的分离、自由组合和连锁交换；②环境差异所造成的变异，环境是表型形成的外因和条件，性状是基因型与环境条件相互作用的结果，环境条件的差异往往可以导致生物表型或生化性状的差异；③基因改变产生的变异，这种变异又叫突变，当生殖细胞的遗传物质发生突变，可以通过有性生殖传递给后代，新的基因型即产生。

自然界通过上述 3 个基本途径导致生物变异，人类的育种工作就是对这些变异进行选择的过程。由于环境造成的变异不能遗传，有性生殖导致的变异没有产生新的基因，而自然发生的遗传突变频率较低。绝大多数动物、植物在自然状态下的突变率通常在 $10^{-4} \sim 10^{-6}$ 之间，大约每 10 万个基因有 1 个突变，这样的突变率不能满足育种的要求，所以人们采用人工诱变的方式获得更多的突变体。

人工诱变是利用物理或化学的方法诱发生物突变或变异。异常的温度能够诱导染色体整倍数变化和基因突变；各种射线和微波也能诱导基因突变和染色体结构变化。一些化学物质，如秋水仙素、细胞松弛素 B、亚硝酸、碱基类似物、吖啶类等能够诱导染色体或 DNA 编码的变异。水产生物的人工诱变潜力很大：它们多数产生大量的配子，并且为体外受精和体外发育，这些特点有利于人工诱变的操作和突变体的选择，可以提供更多的成功机会。

【实验方法】

一、试剂及其配制

配制 1.0% 甲基磺酸乙酯（EMS）和 100 mg/L 的 N – 甲基 – N – 硝基 – N – 亚硝基胍

（MNNG），置于4℃保存备用。

二、仪器及用品

1. 刀片，剪刀，解剖镜，载玻片放大镜，载玻片，盖玻片，酒精灯，培养皿等。
2. 实验材料：江蓠。

三、实验步骤

1. 江蓠属藻体的外部形态观察

藻体数回分枝，分枝不规则或近于双分枝，枝圆柱形或扁平。枝顶有一顶端细胞。细基江蓠黄褐色或肉红色，线形，圆柱状单生或丛生；互生，偏生及二叉式分枝基部不缩，或渐变细。脆江蓠透明的紫红色，直立丛生，圆柱状或线形，互生，偏生或二叉式分枝，分枝基部不缢缩。

江蓠藻体有3种形态：四分孢子体、雌配子体和雄配子体。四分孢子体和配子体的幼体在形态上十分相似，性成熟后可根据性器官区分世代及性别：四分孢子体可见四分孢子，四分孢子囊互相分离，埋生于藻体表面之下；雌配子体有明显的米粒般的囊果；雄配子体藻枝外缘细胞密集反光很强的精子囊，精子囊群生于藻体表面下或生在下陷于表面类似生殖窝的凹陷内。

2. 江蓠的内部构造

（1）用徒手切片的方法，取一小块四分孢子体进行横切片，在显微镜下观察，其皮层部分长有四分孢子囊。

（2）用徒手切片的方法，取一小块雌配子体进行横切片，在显微镜下观察，雌配子体表面有囊果。

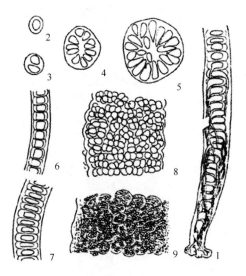

图1　藻体中部横切面与纵切面，示孢子囊

（3）用徒手切片的方法，取一小块雄配子体进行横切片，在显微镜下观察，雄配子体藻体表面有精子囊。

3. 江蓠细胞的诱变育种

（1）单藻培养：将采集的江蓠藻体用消毒水洗净，切取 2~3 cm 长的藻枝培养于海水培养基中，经常洗涮并切去藻枝基部，经过 1 个月培养可实现单藻培养，3~4 个月完成生活周史。

（2）诱变处理：用 1.0% 甲基磺酸乙酯（EMS）处理幼配子体 50~80 min，或用 100 mg/L 的 N-甲基-N-硝基-N-亚硝基胍（MNNG）处理幼配子体 30~50 min。

（3）挑选突变体：将诱变剂处理的幼配子体培养 30 d 后，解剖镜下挑选突变体，如色素突变体的绿色突变体、淡绿色突变体、黄色突变体、淡红色突变体及不稳定突变体等。

【思考题】

1. 描述江蓠的主要特征。
2. 绘出江蓠的囊果、精子囊和四分孢子囊的内部构造。
3. 比较两种诱变剂对江蓠细胞的诱变效果，记录江蓠突变体的性状和突变率。

实验七　　鱼类雌核发育育种

【实验目的】

通过灭活精子及受精卵加倍实验，掌握鱼类雌核发育育种的基本原理与技术。

【实验原理和基础知识】

雌核发育是指卵子依靠自身遗传物质发育成个体的生殖方式，即用遗传失活的精子激活成熟的卵子发育，然后使用物理或化学的方法使其二倍化。精子进入卵子后，仅仅起到激活的作用，不发生原核化，不与雌性原核融合，因而是一种无融合的生殖方式。在自然界中天然雌核发育的动物物种很少，人工雌核发育可以显著提高子代的纯合程度，提高育种效率，被广泛应用于水产动物特别是鱼类的品种选育工作。

人工诱导雌核发育的两个关键在于精子的染色体遗传失活和受精卵的二倍化。目前，失活精子采用的方法包括 γ 射线、X 射线、紫外线等物理方法，化学试剂处理和杂交诱导等。其中，紫外线由于安全廉价应用较为广泛，紫外线还具有照射后精子核染色体碎片少的优点。不过紫外线的缺点也是显而易见的，由于穿透能力较弱，在操作时需要采取一些措施以确保照射均匀，通常把稀释后的精液放入亲水化的容器中，边振荡边照射。用遗传失活的精子与卵子受精，发育出来的胚胎通常为单倍体，单倍体通常不能发育成正常的仔鱼。因此，要获得存活的雌核发育个体，还必须通过二倍化的手段。鱼类排出的成熟卵子通常处于第二次减数分裂的中期，通过抑制第二极体或者抑制第一次卵裂两种方法可以使得卵子染色体组加倍。诱导雌核发育二倍体的方法也可分为物理学方法、化学方法和生物学方法。温度休克法由于其易用性使用较为普遍：采用低温或者高温处理卵子，使得细胞分裂相关的酶的构象发生变化，阻止酶促反应的进行，导致没有足够的微管用于细胞分裂，从而使得染色体留在细胞内不发生分离，达到二倍化的目的。

【实验方法】

一、试剂及其配制

（1）市售促黄体素释放激素 LRH – A2，人绒毛膜促性腺激素（HCG）。

（2）Hank 氏液：称取 NaCl 8.01 g，KCl 0.4 g，$CaCl_2$ 0.14 g，$NaHCO_3$ 0.35 g，KH_2PO_4 0.06 g，葡萄糖 0.34 g，溶解于 1 000 mL 蒸馏水中。

（3）曝气水：将自来水转入大桶或大盆中，曝气 24 h 备用。

二、仪器及用品

紫外灯箱，低速振荡摇床，室内水池养殖设备，水盆，大桶，注射器，温度计，剪刀，镊子，移液器，小烧杯，纱布，培养皿，体视镜等。

三、实验步骤

1. 亲鱼催产

在繁殖季节，选取已达性成熟的雌金鱼和雄性团头鲂，注射促黄体素释放激素（LRH – A_2）3 μg/尾，人绒毛膜促性腺激素（HCG）300 单位/尾，雄鱼剂量减半。

2. 精子灭活

用 Hank 氏液 2∶1 稀释精液，均匀的涂在 4℃ 预冷的培养皿中，精液厚度控制在 0.1 mm 左右，放置于盛有碎冰块的容器上。用两支 15 W 的紫外灯照射处理精子，灯管与精液面的距离为 15 cm，照射时间为 20 ~ 30 min。照射过程中用摇床不停地缓慢摇动以使精子被均匀照射，并每隔一段时间手工摇动几次。当照射 15 min 以后时，每隔 2 ~ 5 min 在显微镜下观察精子活力以决定照射的时间长度。处理过的精液盛在遮光的瓶子中置于 4℃ 冰箱备用。

3. 卵子染色体加倍

金鱼卵子用事先准备好的遗传灭活的团头鲂精子激活，待激活 1 ~ 2 min 后将受精卵进行染色体加倍处理，即在 0 ~ 4℃ 低温条件下处理 50 ~ 60 min，抑制第二极体的排出的方法使卵子的染色体加倍。全部金鱼卵子在室温（20℃ 左右）下静水孵化，每隔 4 h 换水 1 次，直至鱼苗统计受精率、孵化率及成活率。受精率 =（被激活卵子数目/卵子总数）×100%，孵化率 =（出苗数/卵子总数）×100%，成活率 =（健康苗/卵子总数）×100%。

4. 外部形态比较（选作）

得到的实验鱼饲养一段时间后后，对雌核发育金鱼形态学性状进行测量和比较。

【注意事项】

（1）紫外线照射精子时，如果维持较低的温度（如置于冰上），可以保持精子活力，延长精子寿命。

（2）精液涂在培养皿表面应尽可能薄，以保证所有精子均受到紫外线的照射。

（3）胚胎孵化过程中要及时将坏卵和死亡的胚胎挑出，以免水质变坏影响其他胚胎的发育。

【思考题】

（1）计算雌核发育实验的受精率和孵化率以及成活率。

（2）请简述雌核发育实验的原理及操作要点。

（3）请叙述雌核发育育种的优势和应用价值。

实验八　数量性状遗传率的估算

【实验目的】

（1）深入了解遗传率的估算方法及其在生物群体数量性状遗传研究中的重要意义。

（2）掌握统计遗传学中常用的遗传率估算的回归法和选择法。

I　回归法估算

【实验原理和基础知识】

数量性状的遗传学分析，需要数理统计学与遗传学结合的方法——统计遗传学方法。即采用生物统计学的方法对性状的遗传变异做定量的描述，对性状的遗传动态进行研究。在不容易区分所研究的是质量性状或数量性状时，就要根据 F_1 代、F_2 代或其他相继世代的动态遗传特征进行判断。

在遗传分析当中，相关系数或回归系数可以被用来表示亲代与子代间的相似程度。这里所说的"亲代与子代的相关"，包括子代与其母本的相关和子代对其父母的平均值的回归。

利用亲代与子代之间的相关关系，可以估算遗传率。这种方法也是最基本又简便的遗传率估算方法。如果所研究的亲代与子代在表现型方差上是相同的，而且雌雄性别之间的方差也是相同的，那么，在同一性状上亲代与子代的相关系数就等于子代对亲代的回归系数。此时，用回归系数来估算遗传率要比用相关系数来估算更加方便。

黑腹果蝇传代迅速，以较简单的操作条件在较短的时间内可获得亲代与其子代的数量性状（体长）资料；以这些数据进行数理和遗传分析，进而估算出数量性状的重要遗传参数——遗传率。遗传率的估算方法不止一种，本实验利用子代对亲代的回归法，以此为手段了解遗传率的估算及其在生物群体数量性状遗传研究中的重要理论意义和实际应用价值。

遗传率估算的回归分析方法主要有雌性子代对母本的回归法、子代对双亲平均数的回归法和雄亲内子代对母本的回归法。

1. 雌性子代对母本的回归法

数量性状的规律显示，雌性子代群体的标准差与母体群体的标准差在随机交配和环境条件稳定的情况下是基本相同的。为了方便地进行运算，我们可以用雌性子代对母本的回归系数代替雌性的子代对母本的相关系数。

以 P 和 O 分别表示母本的性状表现型值和雌性子代的性状表现型值，考虑到两者的标

准差相等（$\sigma_p = \sigma_o$），则

雌性子代对母本的相关系数 $r_{po} = \dfrac{C_{oupo}}{\sigma_p \cdot \sigma_p} = \dfrac{C_{oupo}}{\sigma_p^2} = b_{op}$

式中：b_{op} 表示雌性子代对母本的回归系数；C_{oupo} 表示母女协方差。

由于

$$\text{Co} \quad G_{po} = \frac{1}{2} V_A \quad （亲子基因型协方差）$$

所以可得

$$b_{op} = \frac{Cov_{op}}{V_p} = \frac{covG_{op}}{\sigma_p^2} = \frac{\frac{1}{2} V_A}{V_p}$$

$$h^2 = 2b_{op}$$

式中：$h^2 = h_N^2$，下同。

2. 子代对双亲平均数的回归法

这种方法的依据是：如果所研究的性状（如体长、体宽、生长率、刚毛数等）在两种性别中都能够得以表现，那么就可以利用双亲同一性状的均值来进行遗传率的估算。

以 O 和 $\overline{P}$ 分别表示子代某一性状的均值和双亲该性状的均值。

已知：

$$\text{Co} \quad \overline{op} = \frac{1}{2} V_A, \quad V_{\left(\frac{1}{2}P_1 + \frac{1}{2}P_1\right)} = \frac{1}{2} V_p,$$

$$b_c \overline{P} = \frac{Cov_{o\overline{p}}}{V_{\left(\frac{1}{2}p_1 + \frac{1}{2}p_1\right)}} = \frac{\frac{1}{2} V_A}{\frac{1}{2} V_p} = \frac{V_A}{V_p} = h^2$$

得

$$h^2 = b_o \overline{P}$$

3. 雄亲内子代对母本的回归法

在运用这种遗传率估算方法时，先是在各父本内求子代对母本的回归系数，然后再进行加权平均（以母、子女配对数加权），以算得平均的回归系数。这就是所谓的"子女对母体的父本内回归"。

【实验方法】

一、试剂及其配制

（1）乙醚。

（2）玉米酵母培养基：A 液，蔗糖 6.2 g，琼脂 0.62 g，加水 38 mL，煮沸溶解；B 液，玉米粉 8.25 g，加水 38 g，加热搅拌后加入 0.7 g 酵母粉，将 A 液和 B 液混合加热成

糊状后加入 0.5 mL 丙酸后即可分装使用。

二、仪器及用品

体式显微镜，测微尺，尖头镊子，吸虫管，麻醉瓶，饲养瓶，培养皿，纱布，棉花塞等。

三、实验步骤

（1）第 1 天：自野外环境随机采集 5 只野生果蝇成体雄蝇，用乙醚麻醉法将其麻醉。利用带有测微尺的光学显微镜，在低倍镜测量每 1 只果蝇的体长。具体操作方法是：同一方向整齐地将经过麻醉的果蝇朝纵向排列在干净的载玻片上，在物镜镜头筒内放进测微尺的目尺。将显微镜在低倍镜聚焦清楚，对果蝇进行观察测量；测量时，使果蝇呈侧卧的姿势，推动推进器，逐个数出从果蝇头部的触角前缘一直到其腹部末端的小格数；根据台尺刻度数据按照比例关系将小格数目折算成以毫米（mm）为单位的长度值，并列表统计。

（2）随机地选取野生型果蝇处女蝇 25 只，按 5♀ +1♂ 随机地与上述获得的 5 只雄蝇配合成 5 个杂交组合，并在中等饲养瓶中进行正常培养，完成杂交试验。

（3）第 2 天以后（F_1 统计和数据处理）：杂交试验进行 24 h 后，用吸虫管逐个将各杂交组合中交配过的雌性果蝇移入小饲养瓶中，在温箱中进行培养，以获得 F_1 代个体。约 5~7 d 后，按组逐个地麻醉 F_1 代果蝇在带有测微尺的光学显微镜下测量它们的表现型值（体长）。确认完成测量后，将 F_1 代果蝇弃去。

（4）从每个雌亲的后代群体中，随机地用吸虫器取出 10 个雌体和 10 个雄体，并逐个地在带有测微尺的光学显微镜下测量它们体长数值，并计算其平均数的大小，将所有数据记录按表 1 的格式整理统计。

【注意事项】

表 1　果蝇体长的记录数据

♂亲 ＼ ♀亲	母本编号及表型值		子女表型值
♂1	♀1		
	♀2		
	⋮		
	⋮		
♂2	♀1		
	♀2		
	⋮		
	⋮		

（1）野外采集雄果蝇后分别放在不同的培养瓶中，以待交配。

（2）母本选择要以常规方式选择处女蝇。

（3）交配24 h后，将母本取出，放在不同的培养瓶中，并分别做好标记。

Ⅱ 选择法估算

【实验原理】

遗传率的估算方法除了上述子代对亲代的回归法以外，还可以利用选择法。动植物数量性状的选择可使群体遗传组成发生改变，选择的效果可以利用平均数和方差来估计。假设群体某数量性状的平均数为 $\bar{P}_o$，根据性状性质，选出一定比例的体现性状最高值（或最低值）的个体，如果中选个体所构成的群体（中选群体）有平均值 $\overline{P_S}$，而该群体的后代有平均数 $\overline{P_1}$，则中选群体平均数与原来亲代群体平均数之间就会有一个差值，称为选择差（ΔP）：

$$\Delta P = \overline{P_S} - \bar{p}_o$$

式中：ΔP 以标准差（σ_p）为单位来表示，即 $\Delta P / \sigma_p = i$（i 称为标准选择差）。

中选群体后代的平均数 $\overline{P_1}$ 与未经选择的亲代群体的平均数 $\overline{P_o}$ 之差叫做遗传获得量（遗传进度，ΔG）：

$$\Delta G = \overline{P_1} - \bar{p}_o$$

根据数量遗传学知识可以推导得知：$\Delta G = h^2 \cdot \Delta P = h^2 \cdot \sigma_p \cdot i$，由此可得

$$h^2 = \frac{\Delta G}{\sigma_p \cdot i}$$

这种利用观察到的一代遗传进度（ΔG）估算出的遗传率，表示每个单位的选择差所获得的一代遗传进度，又称为实现遗传率。

本次实验以黑腹果蝇腹生小刚毛数的测量数据为研究对象，通过实现遗传率的估算，掌握数量性状遗传分析特点和遗传率的估算的推理、运算方法。

【实验方法】

一、试剂及其配制

（1）乙醚。

（2）玉米酵母培养基：A 液，蔗糖 6.2 g，琼脂 0.62 g，加水 38 mL，煮沸溶解；B 液，玉米粉 8.25 g，加水 38 g，加热搅拌后加入 0.7 g 酵母粉，将 A 液和 B 液混合加热成糊状后加入 0.5 mL 丙酸后即可分装使用。

二、仪器及用品

体式显微镜，测微尺，尖头镊子，吸虫管，麻醉瓶，饲养瓶，培养皿，纱布，棉花塞等。

三、实验步骤

野外不同地点采集的黑腹果蝇进行杂交，所得 F_1 个体再进行交配，利用 F_2 代进行实验分析。

1. 亲代群体与中选群体的确定

以两个近交系杂交所得的 F_2 群体作为亲代群体。从亲代群体中随机选取处女雌蝇和雄蝇各 20 只，轻度麻醉以便测量。调好光学显微镜，在镜下对果蝇第 4、5 腹板上的刚毛总数进行计数。再分别选出（上向选择）刚毛数最多的雌雄果蝇各 2 只、选出（下向选择）刚毛数量少的雌雄果蝇各 2 只。将把计数测量过的果蝇按每管 1 只放入小指管内。

将刚毛数多的和刚毛数少的均各控雌雄 2 只分别移入新的饲养瓶中，使之发生雌雄交配。2~3 d 后，确认已经产生了蝇卵之后，将亲代果蝇移出饲养瓶，完成刚毛数多的一代和刚毛数少的一代的选择过程。

2. 后代表现型数据统计

观察杂交体系，当第二代果蝇羽化以后，分别从 2 个饲养瓶内随机地选取雌雄果蝇各 20 只，进行刚毛数的统计。

3. 数据整理和运算

根据统计数据，计算出亲代的刚毛数表型平均数和方差以及高低两个方向选择系统的刚毛数表型平均数和方差。记录本系列果蝇第 4、5 腹板刚毛数进行一代选择的实验数据列于表 2 之中。根据所列出的全套数据，计算遗传进度（遗传获得量）等参数，最后求得遗传率。

表 2　果蝇刚毛的记录数据

果蝇刚毛表型值	雌（20 只）		雄（20 只）	
	平均值	方差	平均值	方差
亲代				
子代				
向多的方向选择（H）				
向少的方向选择（L）				

假定两个方向的选择效应是相等的，那么，两个选择系统的均数差（$H-L$）是遗传进度（ΔG）的 2 倍（H、L 分别表示高低两方向的选择系统的均数）。虽然雌雄均数明显不同，但计测的雌雄数是相同的，可取其均数。

因为

$$2\Delta G = H - L$$

所以有

$$\Delta G = (H - L)/2$$

由于表现型标准数值 $\overline{V}_p$ 在一代的选择中基本无变化，因此，从亲代与子代的表型方差均值可估算表型标准差 $\overline{V}_p$。

将上表中雌雄亲代方差、向上选择雌雄子代方差和向下选择雌雄子代方差的加和平均值表示为 $\overline{V}_p$，则

$$\sigma_p = \sqrt{\overline{V}_p}$$

根据表 3 不同选择率的标准选择差，可以得出标准选择差（i）：

表 3　标准选择差对照表

选择率	群体大小				
	10	20	30	50	∞
0.1	1.539	1.638	1.674	1.705	1.755
0.2	1.270	1.332	1.354	1.372	1.400
0.3	1.065	1.110	1.126	1.139	1.159
0.4	0.893	0.928	0.941	0.951	0.966
0.5	0.739	0.767	0.777	0.786	0.798

在本次实验中，群体大小是 20 只，选择数量是 2 只，因此选择率为 10%。所以，根据表中的数量关系可查得：$i = 1.638$。

所以，本次实验的实现遗传率是：

$$h^2 = \frac{\Delta G}{\sigma_p i} = \frac{(H - L)/2}{\sqrt{\overline{V}_p} \times 1.638}$$

【注意事项】

（1）雌雄果蝇腹板的位置稍有不同，在统计时需加以注意。

（2）注意像本次实验那样，对于目的是利用杂交试验材料进行数量遗传规律分析的实验，果蝇培养到幼虫期时应当避免群体过于拥挤，并且选在低温条件（20℃）下进行培养。这样，所产生的成体果蝇个体比较大，便于观察和统计。

【思考题】

（1）计算子女对母本的加权平均回归系数，并求出遗传率。

（2）整理检测、计算数据于实验报告纸上；比较全班同学所求得的实现遗传率，并计算其标准差，对结果进行分析。

（3）比较分析估算遗传率的回归法和选择法各有何实际意义？

【参考文献】

陈锤，林振碧，李淑瑜.1999. 江蓠生长环境因子适应度的研究福建水产，9（3）：48－55.

范兆廷.2005. 水产动物育种学．北京：中国农业出版社.

李芬.2007. 细胞生物学实验技术．北京：科学出版社.

李素文.2001. 细胞生物学实验指导．北京：高等教育出版社.

林浩然.2006. 鱼类生理学实验技术和方法．广州：广东高等教育出版社.

刘筠.1993. 中国养殖鱼类繁殖生理学．北京：农业出版社.

刘祖洞，江绍惠.1987. 遗传学实验．北京：高等教育出版社，208－218.

刘祖洞，江绍惠．遗传学.1990．北京：高等教育出版社.

楼允东.2009. 鱼类育种学．北京：中国农业出版社.

孙效文.2010. 鱼类分子育种学．北京：海洋出版社.

孙远东，陶敏，刘少军，等.2006. 用团头鲂精子诱导红鲫雌核发育的研究．自然科学进展，16（12）：1633－1638.

吴清江，桂建芳.1999. 鱼类育种工程．上海：上海科学出版社.

吴仲庆.2000. 水产生物遗传育种学．厦门：厦门大学出版社，7－23.

肖俊，彭德娇，段巍，等.2009. 用团头鲂精子诱导金鱼雌核发育研究．水生生物学报，33（1）：76－81.

杨业华.2006. 普通遗传学．北京：高等教育出版社，289－303.

《水环境化学》实验

实验一　溶解氧测定（碘量法）

【实验目的】

了解水环境中溶解氧的含量及其变化规律，掌握碘量法测定溶解氧的原理及操作方法。

【实验原理】

在一定量水样中，加入适量的氯化锰和碱性碘化钾试剂，生成的氢氧化锰被水中溶解氧氧化为褐色沉淀，加硫酸酸化后，沉淀溶解。在碘化物存在下，被氧化的锰又被还原为二价态，同时析出与溶解氧等摩尔数的碘，用硫代硫酸钠溶液滴定，淀粉指示终点。各步反应如下：

$$Mn^{2+} + 2OH^- \rightarrow Mn(OH)_2 \downarrow （白色沉淀）$$

$$Mn(OH)_2 \downarrow + \frac{1}{2}O_2 \rightarrow Mn(OH)_3 \downarrow （褐色沉淀）$$

$$MnO(OH)_2 \downarrow + 2I^- + 4H^+ \rightarrow Mn^{2+} + I_2 + 3H_2O$$

$$I_2 + 2S_2O_3^{2-} \rightarrow 2I^- + S_4O_6^{3-}$$

本法适合于海、淡水的测定，检出限：0.169 mg/L。

【测定方法】

一、试剂及其配制

1. 氯化锰溶液（可用硫酸锰代替）

称取 42.000 0 g 氯化锰（$MnCl_2 \cdot 4H_2O$），用少量水溶解后，稀释至 100 mL。

2. 碱性碘化钾溶液

称取 15.000 0 g 碘化钾（KI）溶于 10 mL 水中，另取 50.000 0 g 氢氧化钠（NaOH）于 60 mL 水中，冷却后两者混合并稀释至 100 mL，盛于具橡皮塞的棕色试剂瓶中。

3. 淀粉 - 丙三醇（甘油）指示剂

在 50 mL 甘油 [$C_3H_5(OH)_3$] 中加入 1.500 0 g 可溶性淀粉 [$(C_6H_{10}O_5)_n$]，搅匀，加热至 190℃，至淀粉完全溶解。此溶液在常温下可保存 1 年。

4. 硫酸溶液

将 50 mL 硫酸（H_2SO_4，$d = 1.84$）在搅拌下缓慢地加入到 50 mL 水中。冷却后备用，此溶液浓度为 1 + 1。

5. 硫代硫酸钠溶液

称取 2.500 0 g 硫代硫酸钠（$Na_2S_2O_3 \cdot 5H_2O$），用少量水溶解后，稀释至 100 mL，加 0.200 0 g 无水碳酸钠（Na_2CO_3），混匀，贮于棕色试剂瓶中，此溶液浓度为 0.100 0 mol/L。两周后稀释至溶液浓度为 0.010 0 mol/L，使用前再标定。

6. 碘酸钾标准溶液

取少量的碘酸钾（KIO_3）于 120℃ 加热 2 h，取出置于干燥器中冷却，准确称取 0.356 7 g 溶于水中，移入 1 L 容量瓶中，稀释至标线，此溶液浓度为 0.010 0 mol/L，混匀备用。

7. 硫酸溶液

将 50 mL 硫酸（H_2SO_4，$d = 1.84$）在搅拌下缓慢地加入到 150 mL 水中。冷却后备用，此溶液浓度为 1 + 3。

8. 碘化钾

二、仪器及用品

（1）水样瓶：容积 125 mL 2 个，瓶塞为锥形或斜口形，磨口要严密；

（2）乳胶管：长 20 ~ 30 cm；

（3）酸式滴定管：25 mL 1 支，分刻度 0.05 mL；

（4）锥形瓶：250 mL 4 个；

（5）碘量瓶：250 mL 2 个；

（6）烧杯：100 mL 5 个，500 mL、1 000 mL 各 1 个；

（7）试剂瓶：50 mL 2 个，100 mL 6 个，1 000 mL 1 个；

（8）移液管：50 mL 1 支，1 mL 3 支，10 mL 1 支；

（9）滴瓶：1 个；

（10）吸耳球：2 个；

（11）容量瓶：100 mL 5 个，250 mL 1 个，500 mL、1 000 mL 各 1 个；

（12）一般实验室常备仪器和设备。

三、测定步骤

1. 硫代硫酸钠溶液的标定

量取 10.00 mL 碘酸钾标准溶液，沿壁注入碘量瓶中，用少量蒸馏水冲洗瓶壁，加入 0.5 g 碘化钾，沿壁加入 1 mL 硫酸溶液，塞好瓶塞，混匀；加少许水封口，暗处放置

220

2 min。旋开瓶塞，沿壁加入 50 mL 水，在不断振摇下，用硫代硫酸钠溶液滴定，待试液呈淡黄色时加入 3~4 滴淀粉－丙三醇指示剂，继续滴至试液蓝色消失。

重复标定至 2 次滴定管读数相差不超过 0.04 mL 为止，要求每隔 24 h 标定 1 次。

2. 水样采集

采水器出水后，打开止水夹，引出水样。取样时水样先充满橡皮管并将水管插到瓶底，放入少量水样冲洗水样瓶，然后再将水样注入水样瓶，橡皮管管口始终处在水面下，装满后并溢出约水样瓶 1/2 的水样，抽出水管并盖上瓶盖（此时瓶中应无气泡存在）。

3. 水样固定

打开水样瓶塞，分别用移液管在液面下加入氯化锰溶液 1.0 mL 和碱性碘化钾溶液 1.0 mL，塞紧瓶塞（瓶内不能有气泡），按住瓶塞将瓶上下颠倒 20 多次。有效保存时间为 24 h。

4. 水样酸化

水样固定后 1 h，等沉淀降至瓶的下部后，便打开瓶塞，立即加入 1.0 mL 浓度为 1+1 硫酸溶液，塞紧瓶塞，反复颠倒水样瓶至沉淀全部溶解，暗处静置 5 min。

5. 水样测定

小心打开瓶塞，用移液管取试样 50 mL 至锥形瓶中。立即用硫代硫酸钠标准液滴定，待试液呈淡黄色时，加入 3~4 滴淀粉－甘油指示剂，继续滴至淡蓝色刚刚退去，20 s 不呈淡蓝色即为终点，记录滴定所消耗的硫代硫酸钠溶液体积。取试样重复进行 2 次滴定，偏差不超 0.04 mL。

【数据计算】

（1）硫代硫酸钠标准溶液浓度计算：

$$C_{Na_2S_2O_3} = \frac{10.00 \times 0.01}{\bar{V}_{Na_2S_2O_3}}$$

式中：$C_{Na_2S_2O_3}$——硫代硫酸钠标准溶液浓度，单位为 mol/L；

$\bar{V}_{Na_2S_2O_3}$——标定时用去硫代硫酸钠溶液的量，单位为 mL。

（2）含氧量的计算：

$$O_2 \text{（mg/L）} = \frac{C_{Na_2S_2O_3} \cdot \bar{V} \cdot f_1 \times 8}{V_1} \times 1\,000$$

式中：$C_{Na_2S_2O_3}$——硫代硫酸钠标准溶液浓度，单位为 mg/L；

$\bar{V}$——滴定试样时用去硫代硫酸钠溶液的量，单位为 mL；

V_1——滴定时所用试样的体积，单位为 mL；

f_1——$V_2/(V_2-2)$，式中 V_2 为水样瓶容积，2 为固定液的体积。

（3）饱和度的计算：

$$O_2\% = \frac{O_2}{O'_2} \times 100$$

式中：O_2——测得水样的含氧量，单位要换算成 mL/L；

O'_2——现场水温及盐度条件下，海水中氧的饱和含量，由附表2查得。

【注意事项】

（1）滴定临近终点，速度不宜太慢，否则终点变色不敏锐。

（2）终点前溶液显紫红色，表示淀粉溶液已变质，应重新配制。

（3）碱性碘化钾用过的移液管切勿染污溶液，如用错，则会产生褐色沉淀而阻塞，需用强酸方可洗净。

【思考题】

（1）取样时，固定瓶中为什么不能含有气泡？

（2）终点后，放置一定时间为什么会出现回色现象？

（3）配制硫代硫酸钠溶液时为什么要加无水碳酸钠？

【附表】

附表1 溶解氧测定记录表

序号	站号	采样时间	采样深度	瓶号		含氧量（mg/L）	水温	盐度	饱和浓度	饱和度

附表2 不同温度盐度下海水中溶解氧饱和值 单位：mL/L

T（℃）	盐度														
	0	5	10	15	20	25	30	31	32	33	34	35	36	37	38
0	10.22	9.87	9.54	9.22	8.91	8.61	8.32	8.27	8.21	8.16	8.10	8.05	7.99	7.94	7.88
1	9.94	9.60	9.28	8.97	8.68	8.39	8.11	8.05	8.00	7.94	7.89	7.84	7.78	7.73	7.68
2	9.67	9.35	9.04	8.74	8.45	8.17	7.90	7.85	7.79	7.74	7.69	7.64	7.59	7.53	7.48
3	9.41	9.10	8.80	8.51	8.23	7.96	7.70	7.65	7.60	7.55	7.50	7.45	7.40	7.35	7.30
3	9.41	9.10	8.80	8.51	8.23	7.96	7.70	7.65	7.60	7.55	7.50	7.45	7.40	7.35	7.30
4	9.16	8.86	8.57	8.29	8.02	7.76	7.51	7.46	7.41	7.36	7.31	7.26	7.22	7.17	7.12
5	8.93	8.64	8.36	8.09	7.83	7.57	7.33	7.28	7.23	7.18	7.14	7.09	7.04	7.00	6.95
6	8.70	8.42	8.15	7.89	7.64	7.39	7.15	7.11	7.06	7.01	6.97	6.92	6.88	6.83	6.79

T（℃）	盐度														
	0	5	10	15	20	25	30	31	32	33	34	35	36	37	38
7	8.49	8.22	7.95	7.70	7.45	7.22	6.98	6.94	6.89	6.85	6.81	6.76	6.72	6.67	6.63
8	8.28	8.02	7.76	7.52	7.28	7.05	6.82	6.78	6.74	6.69	6.65	6.61	6.57	6.52	6.48
9	8.08	7.83	7.58	7.34	7.11	6.89	6.67	6.63	6.59	6.54	6.50	6.46	6.42	6.38	6.34
10	7.89	7.64	7.41	7.17	6.95	6.73	6.52	6.48	6.44	6.40	6.36	6.32	6.28	6.24	6.20
11	7.71	7.47	7.24	7.01	6.80	6.58	6.38	6.34	6.30	6.26	6.22	6.18	6.14	6.10	6.07
12	7.53	7.30	7.08	6.86	6.65	6.44	6.24	6.21	6.17	6.13	6.09	6.05	6.01	5.98	5.94
13	7.37	7.14	6.92	6.71	6.50	6.31	6.11	6.07	6.04	6.00	5.96	5.93	5.89	5.85	5.82
14	7.20	6.98	6.77	6.57	6.37	6.17	5.99	5.95	5.91	5.88	5.84	5.80	5.77	5.73	5.70
15	7.05	6.84	6.63	6.43	6.24	6.05	5.87	5.83	5.79	5.76	5.72	5.69	5.65	5.62	5.58
16	6.90	6.69	6.49	6.30	6.11	5.93	5.75	5.71	5.68	5.64	5.61	5.58	5.54	5.51	5.48
17	6.75	6.55	6.36	6.17	5.99	5.81	5.64	5.60	5.57	5.53	5.50	5.47	5.43	5.40	5.37
18	6.61	6.42	6.23	6.05	5.87	5.69	5.53	5.49	5.46	5.43	5.40	5.36	5.33	5.30	5.27
19	6.48	6.29	6.11	5.93	5.75	5.59	5.42	5.39	5.36	5.33	5.29	5.26	5.23	5.20	5.17
20	6.35	6.17	5.99	5.81	5.64	5.48	5.32	5.29	5.26	5.23	5.20	5.17	5.14	5.10	5.07
21	6.23	6.05	5.87	5.70	5.54	5.38	5.22	5.19	5.16	5.13	5.10	5.07	5.04	5.01	4.98
22	6.11	5.93	5.76	5.60	5.44	5.28	5.13	5.10	5.07	5.04	5.01	4.98	4.95	4.92	4.89
23	5.99	5.82	5.65	5.49	5.34	5.18	5.04	5.01	4.98	4.95	4.92	4.89	4.87	4.84	4.81
24	5.88	5.71	5.55	5.39	5.24	5.09	4.95	4.92	4.89	4.86	4.84	4.81	4.78	4.75	4.73
25	5.77	5.61	5.45	5.30	5.15	5.00	4.86	4.84	4.81	4.78	4.75	4.73	4.70	4.67	4.65
26	5.66	5.51	5.35	5.20	5.06	4.92	4.78	4.75	4.73	4.70	4.67	4.65	4.62	4.59	4.57
27	5.56	5.41	5.26	5.11	4.97	4.83	4.70	4.67	4.65	4.62	4.60	4.57	4.54	4.52	4.49
28	5.46	5.31	5.17	5.03	4.89	4.75	4.62	4.60	4.57	4.55	4.52	4.50	4.47	4.45	4.42
29	5.37	5.22	5.08	4.94	4.81	4.67	4.55	4.52	4.50	4.47	4.46	4.42	4.40	4.37	4.35
30	5.28	5.13	4.99	4.86	4.73	4.60	4.47	4.45	4.43	4.40	4.38	4.35	4.33	4.31	4.28
31	5.19	5.05	4.91	4.78	4.65	4.53	4.40	4.38	4.36	4.33	4.31	4.28	4.26	4.24	4.22
32	5.10	4.96	4.83	4.70	4.58	4.45	4.33	4.31	4.29	4.26	4.24	4.22	4.20	4.17	4.15

（CNESCO, 1973）

【盐度计使用方法】

1. 校正

（1）使用手持盐度计时，用左手四指握住橡胶套，右手调节目镜，防止体温传入仪器，影响测量精度。

（2）打开进光板，用柔软绒布将折光棱镜擦拭干净。

（3）将蒸馏水数滴，滴在折光棱镜上，轻轻合上进光板，使溶液均匀分布于棱镜表面，将仪器进光板对准光源或明亮处，眼睛通过接目镜观察视场，如果视场明暗分界线不清楚，则旋转接目镜，使视场清晰，再旋转零位校正螺钉，使明暗分界线置于零位，则校正完毕。

2. 测量

（1）打开进光板，擦净蒸馏水。

（2）利用滴管吸取海水数滴，滴在折光棱镜上，轻轻合上进光板，使溶液均匀分布于棱镜表面。

（3）将仪器进光板对准光源或明亮处，接目镜贴近眼睛并保持平行。

（4）此时视场所视分界线，所相应分划定刻度值则为所测试溶液浓度值及密度值。

实验二　硫化物测定（碘量法）

【实验目的】

了解水环境中硫化物的含量及其变化规律，掌握碘量法测定硫化物的原理及操作方法。

【实验原理】

取一定量的海水水样，先行酸化，再加过量的标准碘溶液，若水样中有硫化物存在，则发生如下反应：

$$H_2S + I_2 = 2HI + S$$

剩余的碘溶液用硫代硫酸钠标准溶液滴定，以淀粉－甘油为指示剂确定终点。根据硫代硫酸钠标准溶液的用量可求出硫化物含量，滴定产生的反应如下：

$$I_2 + 2Na_2S_2O_3 = Na_2S_4O_6 + 2NaI$$

由上述反应式可知：$H_2S \leftrightharpoons I_2 \leftrightharpoons 2Na_2S_2O_3$。

该法适用于含硫化物在 0.2 mg/L 以上的水样。

【测定方法】

一、试剂的配制

1. 硫代硫酸钠标准溶液

称取 2.500 0 g 硫代硫酸钠（$Na_2S_2O_3 \cdot 5H_2O$），用少量水溶解后，稀释至 100 mL，加 0.200 0 g 无水碳酸钠（Na_2CO_3），混匀，贮于棕色试剂瓶中，此溶液浓度为 0.1 mol/L。15 天后稀释至溶液浓度为 0.010 0 mol/L，使用前再标定。

2. 淀粉－甘油指示剂

在 50 mL 甘油 [$C_3H_5(OH)_3$] 中加入 1.500 0 g 可溶性淀粉 [$(C_6H_{10}O_5)_n$]，加热至 190℃，至淀粉完全溶解。此溶液在常温下可保存 1 年。

3. 盐酸溶液

取分析纯浓盐酸（HCl）50 mL 与等体积蒸馏水混合而成，此溶液浓度为 1 + 1。

4. 碘溶液

称取 2.000 0 碘化钾（KI），溶于 10 mL 蒸馏水中，再加结晶碘片 0.254 0 g，搅拌使全部溶解后用蒸馏水稀释到200 mL，摇匀后贮存于棕色试剂瓶内，避光密塞保存，此溶液浓度为0.010 0 mol/L。

5. 碘酸钾标准溶液

取少量的碘酸钾（KIO_3）于120℃加热2 h，取出置于干燥器中冷却，准确称取0.356 7 g溶于水中，移入1 L容量瓶中，稀释至标线，混匀备用，此溶液浓度为0.010 0 mol/L。

6. 硫酸溶液

将50 mL硫酸（H_2SO_4，$d = 1.84$）在搅拌下缓慢地加入到150 mL水中。冷却后备用，此溶液浓度为1 + 3。

7. 碘化钾

二、仪器及用品

（1）水样瓶：100 mL容量瓶2个；

（2）乳胶管：长20～30 cm；

（3）酸式滴定管：25 mL 1支，分刻度0.05 mL；

（4）锥形瓶：250 mL 4个；

（5）碘量瓶：250 mL 2个；

（6）烧杯：500 mL、1 000 mL各2个；

（7）试剂瓶：100 mL 3个，500 mL 2个，1 000 mL 1个，500 mL棕色瓶1个；

（8）移液管：50 mL 1支，1 mL 2支，2 mL 1支，10 mL 1支；

（9）滴瓶：1个；

（10）吸耳球：1个；

（11）容量瓶：100 mL 3个，200 mL 2个，1 000 mL 1个；

（12）一般实验室常备仪器和设备。

三、测定步骤

1. 硫代硫酸钠溶液的标定

量取10.00 mL碘酸钾标准溶液，沿壁注入碘量瓶中，用少量水冲洗瓶壁，加入0.500 0 g碘化钾，沿壁加入1 mL硫酸溶液，塞好瓶塞，混匀；加少许水封口，暗处放置2 min。旋开瓶塞，沿壁加入50 mL蒸馏水，在不断振摇下，用硫代硫酸钠溶液滴定，待试液呈淡黄色时加入3～4滴淀粉指示剂，继续滴至试液蓝色消失。

重复标定至2次滴定管读数相差不超过0.04 mL为止，要求每隔24 h标定1次。

2. 水样采集

水样采集前，先将100 mL容量瓶洗净并干燥好，用排气法通入二氧化碳气体置换出瓶内空气，然后用移液管准确吸取 2 mL 碘溶液，再加盐酸溶液 0.2 mL 后，塞好瓶塞前往采水地点。

采水器出水后，立即把水样通过橡皮管注入水样瓶内，直注到 100 mL 标线为止，盖上瓶塞，摇匀。此时如水样呈现黄色，表示水样中尚有剩余碘；若不呈现黄色，则说明水样中硫化物过多，碘液不足，应增加碘液量再重新采样。

3. 水样分析

将固定好的水样带回实测室，取 50 mL 放进锥形瓶中，加 3～4 滴甘油淀粉溶液，立即用 0.010 0 mol/L 硫代硫酸钠溶液滴定，滴至蓝色消失，并于 20 s 内不再出现蓝色为终点，取水样重复进行 2 次滴定，偏差不超 0.04 mL。记录硫代硫酸钠标准溶液用量。

4. 空白测定

空白测定是用表层澄清海水（不含硫化物，浮游生物过多应过滤）或用蒸馏水代替水样，按 2～3 步骤，重复进行 2 次滴定，偏差不超 0.04 mL。记录硫代硫酸钠溶液的用量。

【数据计算】

（1）硫代硫酸钠标准溶液浓度计算：

$$C_{Na_2S_2O_3} = \frac{10.00 \times 0.01}{\overline{V}_{Na_2S_2O_3}}$$

式中：$C_{Na_2S_2O_3}$——硫代硫酸钠标准溶液浓度，单位为 mol/L；

$\overline{V}_{Na_2S_2O_3}$——标定时用去硫代硫酸钠溶液的量，单位为 mL。

（2）硫化物的计算：

$$硫化物（mg/L） = \frac{C_{Na_2S_2O_3} \cdot (\overline{V}_2 - \overline{V}_1) \times 17}{V} \times 1\,000$$

式中：V——滴定时所用水样体积，单位为 mL；

$C_{Na_2S_2O_3}$——硫代硫酸钠标准溶液的浓度，单位为 mol/L；

$\overline{V}_1$——水样滴定时用去硫代硫酸钠溶液的体积，单位为 mL；

$\overline{V}_2$——空白滴定时用去硫代硫酸钠溶液的体积，单位为 mL。

【注意事项】

（1）水样瓶在装满二氧化碳气体、碘溶液和水样都必须把瓶塞塞紧。

（2）游离碘易于挥发，故碘溶液应保存于带有磨砂玻璃的暗色试剂瓶中。

（3）若滴定之前溶液颜色（黄棕色）较深，应先以硫代硫酸钠溶液滴定至浅黄色，然后加入淀粉指示剂。

（4）滴定终点颜色应从蓝色变为无色，不要发紫，并应保持一致，如终点颜色变化不明显，淀粉溶液必须重新配制。

【思考题】

（1）为什么水样瓶要装满二氧化碳气体？目的是什么？

（2）增加碘液量重新采样时，是否要增加盐酸？

【附表】

附表1　硫化物测定记录表　　　　　　　年　月　日

序号	站号	采样时间	采样深度	瓶号	$\overline{V_1}$	$\overline{V_2}$	硫化物含量（mg/L）

实验三　pH 值的测定（电位法）

【实验目的】

了解水环境中 pH 值的含量及其变化规律，掌握酸度计的测定原理及操作方法。

【方法原理】

海水的 pH 值是根据测定玻璃电极－甘汞电极对电动势而测得。

因为海水水样的 pH 值与该电池的电动势（g）有如下线性关系：

$$pHx = A + \frac{ExF}{2.302\,6RT}$$

当玻璃－甘汞电极对插入标准缓冲溶液时，测得：

$$A = pHs - \frac{EsP}{2.302\,6RT}$$

在同一温度下，分别测定同一电极对在标准缓冲溶液和水样中的电动势，则水样的 pH 值为：

$$pHx = pHs + \frac{(Ex - Es)\ F}{2.3026RT}$$

式中：pHx——水样的 pH 值；

　　　pHs——标准缓冲溶液的 pH 值；

　　　Ex——玻璃－甘汞电极插入水样中的电动势；

　　　Es——玻璃－甘汞电极对插入标准缓冲液中的电动势；

　　　H——常数，8.315 V－库仑；

　　　F——法拉第常数，96 500 库仑；

　　　RT——绝对温度，273.16（℃）＋测定时温度（℃）。

【测定方法】

一、试剂及其配制

1. 袋装 pH 缓冲剂（可直接购买）

（1）邻苯二甲酸氢钾（$C_6H_4COOKCOOH$，25℃，pH = 4.003）。

（2）混合磷酸盐（25℃，pH = 6.864）。

（3）十水四硼酸钠（$Na_2B_4O_7 \cdot 10H_2O$，硼砂，25℃，pH = 9.182）。

2. pH 标准缓冲溶液配制方法

1）标准物质的预处理

（1）邻苯二甲酸氢钾［（$C_6H_4COOKCOOH$）与磷酸二氢钾（KH_2PO_4）］在（115 ± 5）℃烘 2 h，于干燥器中冷却。

（2）磷酸氢二钠（Na_2HPO_4）在（115 ± 2）℃烘 2 h，于干燥器中冷却。

（3）十水四硼酸钠（$Na_2B_4O_7 \cdot 10H_2O$）在盛有蔗糖饱和溶液的干燥器中存放两昼夜，并继续保存于此干燥器中。

（4）蒸馏水：电导率应小于 2×10^{-6} s/cm。

配制十水四硼酸钠标准溶液所用的蒸馏水在煮沸 10 min 冷却后，立即配制。

2）配制方法

（1）邻苯二甲酸氢钾缓冲溶液。

将 10.120 0 g 邻苯二甲酸氢钾（$C_6H_4COOKCOOH$）溶解于 1 L 蒸馏水中，浓度为 0.05 mol/L，保存于聚乙烯瓶中，此溶液可稳定 3 个月。

（2）磷酸盐缓冲溶液。

将 3.388 0 g 磷酸二氢钾（KH_2PO_4）和 3.530 0 g 无水磷酸氢二钠（Na_2HPO_4）溶于 1 L 蒸馏水中，该溶液中各盐的含量均为 0.025 0 mol/L，保存于聚乙烯瓶。

（3）十水四硼酸钠缓冲溶液。

称取 3.800 0 g 十水四硼酸钠（$Na_2B_4O_7 \cdot 10H_2O$）溶于新鲜蒸馏水中，转移入 1 L 容量瓶中，混匀，稀释至刻度，分装保存于聚乙烯瓶中，瓶口用蜡封住，以免吸收空气中的二氧化碳，可稳定 3 个月（在配制时，每升应加 1 mL 三氯甲烷作为防腐剂），开瓶后，使用期不得超过 3 天。

标准缓冲溶液的 pH 值随温度改变而变化。

3）饱和氯化钾溶液

称取 40.000 0 g 氯化钾（KCl），溶于 100 mL 水中（此溶液应与固体氯化钾共存）。

二、主要仪器

（1）酸度计（精度 0.01 pH 值），Delta320；
（2）温度计：0 ~ 60℃。

三、测定步骤

1. 准备

（1）开机预热 30 min。

（2）装上烧杯架、电极夹等，将电极固定在夹上。

（3）用水淋洗电极，经滤纸吸干后，电极移入标准缓冲溶液中。

（4）在仪器上选择正确的缓冲液组，在测量状态下长按"模式"，进入"Prog"状态，按"模式"进入 $b=2$（或 $b=1$、3），根据所准备的缓冲液选择，按"模式"确认，按"读数"回测量状态。

2. 校正

（1）一点校正：将电极浸入标准缓冲溶液中，按"校正"开始校正，pH 计会自动判定终点，当到达终点时显示屏上会显示相应的校正结果，按"读数"回到正常测量状态。

（2）二点校正：在一点校正过程结束时，不要按"读数"，继续第二点校正操作，将电极浸入第二种标准缓冲液，按"校正"，当到达终点时会显示相应的电极斜率和电极性能状态图标，按"读数"回测量状态。

（3）测量

校正完后，用纯水清洗电极头，用滤纸吸干，然后把电极放入待测溶液中，pH 计会自动判定终点，且数字会固定不动，这时该数字就是待测溶液的 pH 值。

【数据计算】

将实验室测得的数据换算成现场 pH 值，须按下式进行温度和压力校正。

$$pH_w = pH_m + \alpha \ (t_m - t_w) \ -\beta d$$

如果水样深度在 500 m 以内，不作压力校正，则简化：

$$pH_w = pH_m + \alpha \ (t_m - t_w)$$

式中：pH_w、pH_m——分别为现场和实验室测定时的 pH 值；

t_w、t_m——分别为现场和实验室测定时水温 ℃；

d——水样深度，单位为 m；

α、β——分别为温度和压力校正系数。

$\alpha \ (t_m - t_w)$ 由附表 2 查得。

【注意事项】

（1）玻璃电极在使用前先放入蒸馏水中浸泡 24 h 以上。

（2）测定 pH 值时，玻璃电极的球泡应全部浸入溶液中。

（3）为减少空气和水样中二氧化碳的溶入或挥发，在测水样之前，不应提前打开水样瓶。

（4）pH 值测定时，水样温度应接近缓冲溶液的温度，相差应小于 ±2℃。

（5）pH 计校正完毕，校正旋钮就不得随意旋动，否则需重新校正。

【思考题】

（1）电极使用前为什么要放入蒸馏水中浸泡？目的是什么？

（2）电极中为什么要填充饱和氯化钾？

【附表】

附表 1　pH 值测定记录表

年　月　日

序号	站号	采样时间	采样深度	瓶号	t_m	t_w	pH_m	$\alpha\left(t_m-t_w\right)$	pH_w

附表 2　pH 值测定的温度校正值 $\alpha\left(t_m-t_w\right)$ 表

(t_m-t_w)	pH 值											
	7.5	7.6	7.7	7.8	7.9	8.0	8.1	8.2	8.3	8.4	8.5	8.6
1	0.01	0.01	0.01	0.01	0.01	0.01	0.01	0.01	0.01	0.01	0.01	0.01
2	0.02	0.02	0.02	0.02	0.02	0.02	0.02	0.02	0.02	0.02	0.02	0.02
3	0.03	0.03	0.03	0.03	0.03	0.03	0.03	0.03	0.03	0.03	0.03	0.04
4	0.03	0.03	0.04	0.04	0.04	0.04	0.04	0.04	0.04	0.05	0.05	0.05
5	0.04	0.04	0.04	0.05	0.05	0.05	0.05	0.05	0.06	0.06	0.06	0.06
6	0.05	0.05	0.05	0.06	0.06	0.06	0.06	0.06	0.07	0.07	0.07	0.07
7	0.06	0.06	0.06	0.07	0.07	0.07	0.07	0.07	0.08	0.08	0.08	0.08
8	0.07	0.07	0.07	0.07	0.08	0.08	0.08	0.08	0.09	0.09	0.09	0.10
9	0.07	0.08	0.08	0.08	0.09	0.09	0.09	0.10	0.10	0.10	0.10	0.11
10	0.08	0.09	0.09	0.09	0.10	0.10	0.10	0.11	0.11	0.11	0.12	0.12
11	0.09	0.09	0.10	0.10	0.11	0.11	0.11	0.12	0.12	0.12	0.13	0.13
12	0.10	0.10	0.11	0.11	0.12	0.12	0.12	0.13	0.13	0.14	0.14	0.14
13	0.11	0.11	0.12	0.12	0.12	0.13	0.13	0.14	0.14	0.15	0.15	0.16
14	0.12	0.12	0.13	0.13	0.13	0.14	0.14	0.15	0.15	0.16	0.16	0.17
15	0.13	0.13	0.14	0.14	0.14	0.15	0.15	0.16	0.16	0.17	0.17	0.18
16	0.13	0.14	0.14	0.15	0.15	0.16	0.16	0.17	0.18	0.18	0.19	0.19
17	0.14	0.15	0.15	0.16	0.16	0.17	0.18	0.18	0.19	0.19	0.20	0.20
18	0.14	0.15	0.16	0.17	0.17	0.18	0.19	0.19	0.20	0.20	0.21	0.22
19	0.15	0.16	0.17	0.18	0.18	0.19	0.20	0.20	0.21	0.21	0.22	0.23
20	0.16	0.17	0.18	0.19	0.19	0.20	0.21	0.21	0.22	0.23	0.23	0.24
21	0.17	0.18	0.19	0.20	0.20	0.21	0.22	0.22	0.23	0.24	0.24	0.25
22	0.18	0.19	0.20	0.20	0.21	0.22	0.23	0.23	0.24	0.25	0.26	0.26
23	0.19	0.20	0.21	0.21	0.22	0.23	0.24	0.24	0.25	0.26	0.27	0.28
24	0.20	0.21	0.22	0.22	0.23	0.24	0.25	0.25	0.26	0.27	0.28	0.29
25	0.21	0.22	0.22	0.23	0.24	0.25	0.26	0.26	0.28	0.28	0.29	0.30

实验四　亚硝酸盐氮测定（重氮－偶氮法）

【实验目的】

了解水环境中亚硝酸盐氮的含量及其变化规律，掌握重氮－偶氮法测定亚硝酸盐氮的原理及操作方法。

【方法原理】

在酸性介质中亚硝酸盐氮与磺胺进行重氮化反应，其产物再与萘乙二胺耦合生成红色偶氮染料，于543 nm波长测定吸光值。

本法适用于海水及河口水中亚硝酸盐氮的测定，检出限：0.02 μmol/L。

【测定方法】

一、试剂及其配制

1. 盐酸溶液

取100 mL分析纯浓盐酸（HCl）与600 mL蒸馏水混合备用。

2. 磺胺溶液

称取5.0000 g磺胺（$NH_2SO_2C_6H_4H_2N$），溶于350 mL盐酸溶液，用水稀释至500 mL，盛于棕色试剂瓶中，有效期2个月。

3. 盐酸萘乙二胺溶液

称取0.50 g盐酸萘乙二胺（$C_{10}H_7NHCH_2 \cdot CH_2 \cdot NH_2 \cdot 2HCl$），溶于500 mL水中，盛于棕色试剂瓶中，于冰箱内保存，有效期为1个月。

4. 亚硝酸盐标准溶液

1）亚硝酸盐标准贮备液

称取0.0345 g亚硝酸钠（$NaNO_2$）经110℃烘干，溶于少量水中后全量转移入100 mL容量瓶中，加水至标线，混匀。加1 mL三氯甲烷，混匀。贮于棕色试剂瓶中于冰箱内保存，有效期为2个月，此溶液浓度为5.00 μmol/mL。

2）亚硝酸盐标准使用液

取1.00 mL亚硝酸盐标准贮备溶液于100 mL容量瓶中，加水至标线，混匀，临用前配制，此溶液浓度为0.050 μmol/mL。

二、仪器及用品

（1）分光光度计1台；

（2）具塞比色管：50 mL 16 支；

（3）烧杯：100 mL 2 个，500 mL 4 个；

（4）试剂瓶：100 mL 2 个，500 mL 4 个；

（5）聚乙烯洗瓶：500 mL 2 个；

（6）刻度吸管：1 mL 3 支；

（7）吸耳球：2 个；

（8）玻璃棒：长 15 cm；

（9）容量瓶：100 mL 2 个，500 mL 4 个；

（10）一般实验室常备仪器和设备。

三、测定步骤

1. 绘制标准曲线

（1）取 50 mL 具塞比色管，分别加入 0、0.5 mL、1.0 mL、2.0 mL、3.0 mL、4.0 mL 亚硝酸盐标准使用液，加水至标线（取双样），混匀。

（2）各加入 1.0 mL 磺胺溶液，混匀，放置 5 min。

（3）各加入 1.0 mL 盐酸萘乙二胺溶液，混匀，放置 15 min。

（4）选 543 nm 波长，5 cm 测定池，以蒸馏水作参比，测其吸光值 A_i，其中零浓度为标准空白吸光值 A_0。

（5）以吸光值（$A_i - A_0$）为纵坐标，浓度（μmol/L）为横坐标绘制标准曲线。

2. 根据测定结果，用 Excel 程序绘制标准曲线并求出截距 a 和斜率 b

（1）双击打开 Excel 2003 程序并新建一个 Excel 文档。

（2）如下图分别输入亚硝酸色阶浓度（μmol/L）与其相应的吸光值，例如：

浓度	吸光度值
4	0.205
6	0.301
8	0.398
10	0.499
12	0.611
14	0.701

（3）将以上两列数据选中。

（4）如下图在工具栏中单击"图表向导"按钮。

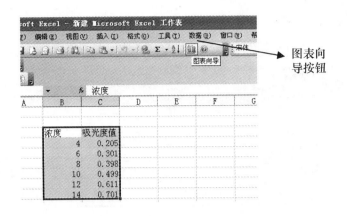

（5）弹出如下对话框（4 步骤之 1），在左侧"图表类型"中选中"XY 散点图"，然后点击"下一步"按钮。

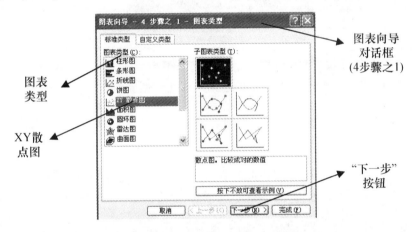

（6）弹出如下图图表向导对话框（4 步骤之 2），点击"下一步"按钮。

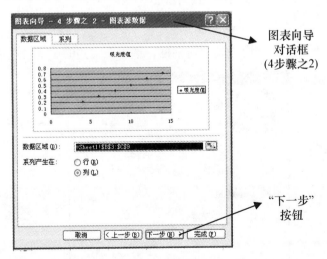

（7）弹出如下图图表向导对话框（4 步骤之 3），分别在"图表标题"、"X 轴"和

"Y轴"中输入对应描述文字，然后按"下一步"按钮。

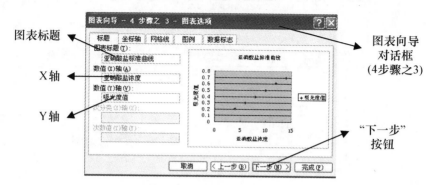

（8）弹出如下图图表向导对话框（4步骤之4），然后点击"完成按钮"。

（9）弹出如下图图表，选中散点系列，单击右键，在下拉出的选项中选中"添加趋势线"选项。

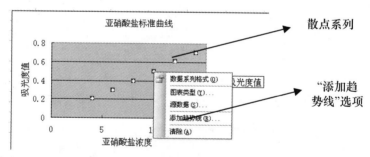

（10）弹出如下图"添加趋势线"对话框，选中左上角的第2个选项卡"选项"。

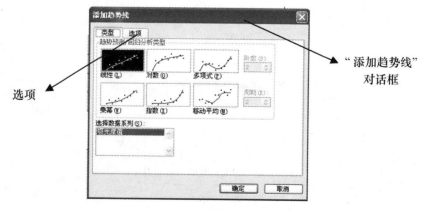

（11）"添加趋势线"对话框切换到"选项"界面，如下图所示，将"显示公式"和

236

"显示 R 平方值"两项选中，点击确定。

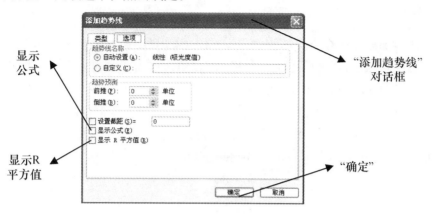

（12）得到如下的最终标准曲线图。

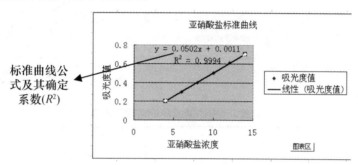

则： $a = 0.001\ 1$ $b = 0.050\ 2$ $R^2 = 0.999\ 4$

3. 水样测定

（1）移取 50.0 mL 已过滤的水样于具塞比色管中（取双样）。

（2）参照步骤 1（1）～（5）测量水样的吸光值 A_w，记录于亚硝酸盐测定记录表中。

【记录与计算】

将测得数据记录于附表 1 中，按下式计算 A_n。

$$A_n = \overline{A_w} - A_0$$

由 A_n 值查工作曲线或按下式计算水样中亚硝酸盐氮的浓度。

$$C\ (NO_2 - N)\ = \frac{A_n - a}{b}$$

式中：C（$NO_2 - N$）——水样中亚硝酸盐氮的浓度，单位为 μmol/L；

　　　A_n——水样中亚硝酸盐氮的吸光值；

　　　a——标准曲线中的截距；

　　　b——标准曲线中的斜率。

【注意事项】

（1）水样加盐酸萘乙二胺溶液后，须在 2 h 内测量完毕，并避免阳光照射。

（2）温度对测定的影响不显著，但以 10~25℃ 内测定为宜。

（3）标准曲线每隔 1 周须重制 1 次。当测定样品的实验条件与制订工作曲线的条件相差较大时，如更换光源或光电管，温度变化较大时，须及时重制标准曲线。

（4）若水样未经过滤，需加测浑浊引起的吸光值，方法为：取 50 mL 水样于比色管中，加 1 mL 盐酸溶液，混匀后测水样浑浊度的吸光值 A_t，则：

$$A_n = A_w - A_0 - A_t$$

【思考题】

（1）水样加盐酸萘乙二胺溶液后为什么要在 2 h 内测定完毕？

（2）容量瓶能否代替具塞比色管？

【附表】

附表 1　亚硝酸盐标准曲线记录表　　　　　　　　年　月　日

比色管编号	1	2	3	4	5	6	7	8	9	10	11	12
使用液体积 V（mL）	0	0	0.5	0.5	1.0	1.0	2.0	2.0	3.0	3.0	4.0	4.0
稀释后体积（mL）	50	50	50	50	50	50	50	50	50	50	50	50
色阶浓度（μmol/L）												
吸光值												
平均吸光值												
$(A_i - A_0)$												
使用液浓度 C	0.05 μmol/mL								显色时间			
色阶浓度计算	$\mu mol/L = \dfrac{C \cdot V}{50} \times 1\,000$											

附表 2　亚硝酸盐氮测定记录表　　　　　　　　年　月　日

序号	站号	采样时间	水样深度	瓶号	$\overline{A}_w$	A_n	C（μmol/L）

标准曲线斜率：b　　　　　　　　　试剂空白：A_0

标准曲线截距：a

238

实验五　铵氮测定（次溴酸钠氧化法）

【实验目的】

了解水环境中铵氮的含量及其变化规律，掌握次溴酸钠氧化法测定原理及操作方法。

【实验原理】

在碱性条件下，以次溴酸钠为氧化剂，将海水样中的氨氧化为亚硝酸根离子，然后用磺胺－萘乙二胺法测出海水中亚硝酸盐和氧化产生的亚硝酸盐量，然后扣除海水中原有亚硝酸盐含量，即可算出海水中铵氮含量。

本法适用于海、淡水中铵氮的测定，检出限：0.03 μmol/L。

【测定方法】

一、试剂及其配制

1. 氢氧化钠溶液

称取 20.000 0 g 氢氧化钠（NaOH）溶于 100 mL 蒸馏水中，蒸发至原体积的一半，冷却后，贮于聚乙烯瓶中。

2. 盐酸溶液

量取 200 mL 盐酸（HCl）和 200 mL 水混合，贮于试剂瓶中。

3. 溴酸钾－溴化钾溶液

称取 2.800 0 g 溴酸钾（$KBrO_3$）和 20.000 0 g 溴化钾（KBr）溶于无氨蒸馏水中，并稀释至 1 L，低温棕色瓶中保存，有效期 1 年。

4. 次溴酸钠氧化剂

取 1.0 mL 溴酸钾－溴化钾溶液于棕色瓶中，以无氨蒸馏水稀释至 50 mL，加入 3 mL 盐酸溶液，盖上瓶塞混匀，置于暗处 5 min，加入 50 mL 氢氧化钠溶液，混匀，此液不稳定，现用现配。

5. 磺胺溶液

称取 1.000 0 g 磺胺（$NH_2SO_2C_6H_4H_2N$）溶于 500 mL 盐酸溶液中，贮于棕色瓶。

6. 盐酸萘乙二胺溶液

称取 0.500 0 g 盐酸萘乙二胺（$C_{10}H_7NHCH_2 \cdot CH_2 \cdot NH_2 \cdot 2HCl$），用少量水溶解后，稀释至 500 mL，低温棕色瓶中保存。

7. 铵标准贮备液

称取 0.053 49 g 氯化铵（NH_4Cl，预先在 100℃ 下烘干 1 h，置于干燥器中冷却至室温），用少量水溶解后，全量转移至 100 mL 容量瓶中，用水稀释至标线，加 1 mL 三氯甲烷，此溶液浓度为 10.0 μmol/mL，避光低温保存，有效期 6 个月。

8. 铵标准使用液

吸取 0.5 mL 铵标准贮备液于 100 mL 容量瓶中，用水稀释至标线，此溶液浓度为 0.050 μmol/mL，可稳定 1 d。

二、仪器及用品

（1）分光光度计 1 台；

（2）容量瓶：50 mL 1 个、100 mL 3 个、500 mL 4 个、1 000 mL 1 个；

（3）具塞比色管：50 mL 16 支；

（4）烧杯：100 mL 4 个、500 mL 4 个、1 000 mL 1 个；

（5）试剂瓶：100 mL 3 个、500 mL 2 个、1 000 mL 1 个；

（6）试剂瓶：棕色 100 mL 1 个、500 mL 2 个；

（7）聚乙烯洗瓶：500 mL 1 个；

（8）刻度吸管：1 mL 2 支、5 mL 2 支、10 mL 1 支；

（9）吸耳球：2 个；

（10）玻璃棒：长 15 cm 2 支；

（11）一般实验室常备仪器和设备。

三、测定步骤

1. 绘制标准曲线

（1）取 50 mL 具塞比色管，分别加入 0、0.50 mL、1.00 mL、2.50 mL、5.00 mL、8.00 mL 铵标准使用液，加无氨水至标线（取双样），混匀。

（2）各加入 5 mL 次溴酸钠氧化剂，混匀，放置 30 min。

（3）各加入 5 mL 磺胺溶液，混匀，放置 5 min，再加 1 mL 盐酸萘乙二胺溶液，放置 15 min，颜色可稳定 4 h。

（4）选 543 nm 波长，5 cm 测定池，以无铵水作参比，测其吸光值 A_i，其中零浓度为标准空白吸光值 A_0。

（5）以吸光值（$A_i - A_0$）为纵坐标，浓度（μmol/L）为横坐标绘制标准曲线，并用线性回归法求出标准曲线的截距（a）和斜率（b）。

2. 水样的测定

（1）量取 50.0 mL 已过滤的水样于具塞比色管中（取双样）。

（2）参照步骤 1（1）～（5）测量水样的吸光值 A_w，记录于铵盐测定记录表中。

【记录与计算】

水样中铵氮浓度计算：

$$C（NH_4^+ - N） = \frac{(\overline{A_w} - A_o) - k \cdot \overline{A}_{NO_2^- - N} - a}{b}$$

式中：

$C（NH_4^+ - N）$——水样中铵氮的浓度，单位为 $\mu mol/L$；

$\overline{A_w}$——水样的吸光值；

A_o——空白吸光值；

$\overline{A}_{NO_3^- - N}$——水样在"亚硝酸盐测定"时，扣除试剂空白后的吸光值；

a——铵标准曲线截距；

b——铵标准曲线斜率；

k——测定亚硝酸盐和测定铵的试液体积（水样的体积与试剂体积之和）比值。

【注意事项】

（1）温度对发色时间与氧化速度有一定影响，低于 20℃ 要适当延长显色时间。

（2）实验必须在无氨污染的实验室中进行，否则将产生误差。

【思考题】

铵氮与非离子氨有何关系？如何计算非离子氨？

【附表】

附表1　铵盐标准曲线记录表　　　　　　　　　　　年　月　日

比色管编号	1	2	3	4	5	6	7	8	9	10	11	12
使用液体积 V（mL）	0	0	0.50	0.50	1.00	1.00	2.50	2.50	5.00	5.00	8.00	8.00
稀释后体积（mL）	50	50	50	50	50	50	50	50	50	50	50	50
色阶浓度（μmol/L）												
吸光值												
平均吸光值												
$(A_i - A_0)$												
使用液浓度 C	0.05 μmol/mL							显色时间				
色阶浓度计算	$\mu mol/L = \dfrac{C \cdot V}{50} \times 1\,000$											

序号	站号	采样时间	水样深度	瓶号	$\overline{A}_w$	$\overline{A}_w - A_0$	$\overline{A}_{NO_2^- - N}$	C（μmol/L）

标准曲线斜率：b　　　　　　　　　试剂空白：A_0

标准曲线截距：a

实验六　活性磷酸盐测定（磷钼蓝法）

【实验目的】

了解水环境中活性磷酸盐的含量及其变化规律，掌握磷钼蓝法测定活性磷酸盐的原理及操作方法。

【方法原理】

在酸性介质中，活性磷酸盐与钼酸铵反应生成磷钼黄，在酒石酸氧锑钾存在下，用抗坏血酸还原为磷钼蓝，于 882 nm 波长测定其吸光值。

本法适用于海、淡水活性磷酸盐的测定，检测下限：0.02 $\mu mol/L$。

【测定方法】

一、试剂及其配制

1. 硫酸溶液

在搅拌下将 60 mL 浓硫酸（H_2SO_4）缓缓加到 300 mL 水中，贮存于试剂瓶中。

2. 钼酸铵溶液

称取 3.000 0 g 钼酸铵 [（NH_4）$_6$$Mo_7O_{24}$·$4H_2O$]，溶于蒸馏水中，稀释至 100 mL（浑浊应过滤），贮存于聚乙烯瓶中，避光保存。

3. 酒石酸氧锑钾溶液

称取 0.140 0 g 酒石酸氧锑钾（$KSbO·C_4H_4O_6·1/2H_2O$），溶于蒸馏水，稀释至 100 mL，贮于聚乙烯瓶中，有效期 6 个月。

4. 混合溶液

搅拌下将 200 mL 硫酸溶液加到 80 mL 钼酸铵溶液中，加入 40 mL 酒石酸锑钾溶液，混匀，贮于棕色玻璃瓶中，临时配制。

5. 抗坏血酸溶液

称取 5.400 0 g 抗坏血酸（$C_6H_8O_6$），溶于蒸馏水，稀释至 100 mL，盛于棕色试剂瓶或聚乙烯瓶，在 4℃避光保存，可稳定 1 个月。

6. 磷酸盐标准贮备溶液

称取 0.108 8 g 磷酸二氢钾（KH_2PO_4，优级纯，在 110～115℃烘 1～2 h），溶于蒸馏水，稀释至 100 mL，混匀，加 1 mL 三氯甲烷，此溶液浓度为 8.00 μmol/L，置于阴凉处，可以稳定 6 个月。

7. 磷酸盐标准使用溶液

量取 1.00 mL 磷酸盐标准贮备液至 100 mL 容量瓶中，加水至标线混匀，加 2 滴三氯甲烷，此溶液浓度为 0.080 μmol/mL，有效期 1 天。

二、仪器及用品

（1）分光光度计 1 台；

（2）量筒：100 mL 4 支、500 mL 1 支；

（3）容量瓶：100 mL 5 个；

（4）具塞比色管：50 mL 16 支；

（5）刻度吸管：1 mL、2 mL、5 mL、10 mL 各 1 支；

（6）吸耳球：2 个；

（7）一般实验室常备仪器和设备。

三、测定步骤

1. 绘制标线曲线

（1）取 50 mL 具塞比色管，分别加入 0、0.50 mL、1.00 mL、2.00 mL、4.00 mL、6.00 mL 磷酸盐标准使用液（取双样），加水至标线，混匀。

（2）各加 4.0 mL 混合溶液、1.0 mL 抗坏血酸溶液，混匀，显色 10 min 后，注入 10 cm 测定池中，以蒸馏水作参比，于 882 nm 波长处测定其吸光值（A_i），其中零浓度为标准空白吸光值（A_0）。

（3）以吸光值（$A_i - A_0$）为纵坐标，相应的磷酸盐浓度（μmol/L）为横坐标，绘制标准曲线，并用线性回归法求出标准曲线的截距（a）和斜率（b）。

2. 水样测定

量取 50 mL 经 0.45 mm 微孔滤膜过滤的水样于具塞比色管中（取双样），按步骤 1（2）测定吸光值 A_w。

【记录与计算】

将测得数据记录于附表 1，按下式计算 A_n。

$$A_n = \overline{A}_w - A_0$$

由 A_n 值查工作曲线或按下式计算水样中活性磷酸盐的浓度。

244

$$C\ (PO_4^{3-}-P)\ =\frac{A_n-a}{b}$$

式中：$C\ (PO_4^{3-}-P)$ ——水样中活性磷酸盐的浓度，单位为 μmol/L；

A_n ——水样中活性磷酸盐的吸光值；

a ——标准曲线中的截距；

b ——标准曲线中的斜率。

【注意事项】

（1）水样采集后应马上过滤，立即测定，若不能立即测定，应置于冰箱中保存，但也应在 48 h 内测定完毕。

（2）过滤水样的微孔滤膜，需用 0.5 mol/L 盐酸浸泡，临用时用水洗净。

（3）硫化物含量高于 2.0 mg/L 时干扰测定，此时，水样用硫酸酸化，通氮气 15 min 将硫化氢驱去，可消除干扰。

（4）磷钼蓝颜色在 4 h 内稳定。

（5）若水样未经过滤，需加测浑浊引起的吸光值，方法为取 50 mL 水样于比色管中，加 2.5 mL 硫酸溶液，混匀后测水样浑浊度的吸光值 A_t，则：

$$A_n=A_w-A_0-A_t$$

【思考题】

（1）水样采集能否用聚乙烯瓶贮存，为什么？

（2）水样测定时能否用标线曲线的零浓度试液作参比？

【附表】

附表1　活性磷酸盐标准曲线记录表　　　　　年　月　日

比色管编号	1	2	3	4	5	6	7	8	9	10	11	12
使用液体积 V（mL）	0	0	0.50	0.50	1.0	1.0	2.00	2.00	4.00	4.00	6.00	6.00
稀释后体积（mL）	50	50	50	50	50	50	50	50	50	50	50	50
色阶浓度（μmol/L）												
吸光值												
平均吸光值												
(A_i-A_0)												
使用液浓度 C	0.08 μmol/L							显色时间				
色阶浓度计算	$\mu mol/L=\dfrac{C\cdot V}{5}\times 1\,000$											

附表 2　活性磷酸盐测定记录表　　　　　　　　年　月　日

序号	站号	采样时间	水样深度	瓶号	$\overline{A}_w$	A_n	C（μmol/L）

标准曲线斜率：b　　　　　　　　　　试剂空白：A_0

标准曲线截距：a

实验七 总磷的测定（过硫酸钾氧化法）

【实验目的】

了解水环境中总磷的含量及其变化规律，掌握过硫酸钾氧化法测定总磷的原理及操作方法。

【方法原理】

·海水样品在酸性和 $110 \sim 120 ℃$ 条件下，用过硫酸钾氧化，有机磷化合物被转化为无机磷酸盐，无机聚合态磷水解为正磷酸盐。消化过程产生的游离氯，以抗坏血酸还原。消化后水样中的正磷酸盐与钼酸铵形成磷钼黄。在酒石酸氧锑钾存在下，磷钼黄被抗坏血酸还原为磷钼蓝，于 882 nm 波长处进行分光光度测定。

测定下限：$0.09 \mu mol/L$。

【测定方法】

一、试剂及其配制

1. 硫酸溶液

在搅拌下将 60 mL 浓硫酸（H_2SO_4）缓缓加到 300 mL 水中，贮存于玻璃瓶中。

2. 过硫酸钾溶液

称取 5.000 0 g 过硫酸钾（$K_2S_2O_8$）溶于水中，并用水稀释至 100 mL，混匀。此溶液室温避光保存可稳定 10 d；$4 \sim 6 ℃$ 避光保存可稳定 30 d。

3. 钼酸铵溶液

称取 3.000 0 g 钼酸铵 [$(NH_4)_6Mo_7O_{24} \cdot 4H_2O$] 溶于水中，并稀释至 100 mL（浑浊应过滤），贮存于聚乙烯瓶中，避光保存。

4. 抗坏血酸溶液

称取 5.400 0 g 抗坏血酸（$C_6H_8O_6$）溶于水中，并用水稀释至 100 mL，盛于棕色试剂瓶或聚乙烯瓶中，在 4℃ 避光保存，可稳定 1 个月。

5. 酒石酸氧锑钾溶液

称取 0.140 0 g 酒石酸氧锑钾（$KSbOC_4H_4O_6 \cdot 1/2H_2O$）溶于水并稀释至 100 mL，贮

于聚乙烯瓶中，有效期6个月。

6. 混合溶液

搅拌下将100 mL硫酸溶液加到40 mL钼酸铵溶液中，再加入20 mL酒石酸锑钾溶液，混匀，贮于棕色玻璃瓶中，临时配制。

7. 磷酸盐标准贮备溶液

称取0.108 8 g磷酸二氢钾（KH_2PO_4，优级纯，在110~115℃烘1~2 h）溶解后，全量转入100 mL容量瓶，加水至标线，混匀，加1 mL三氯甲烷，置于阴凉处，此溶液浓度为8.0 μmol/L，可以稳定6个月。

8. 磷酸盐标准使用溶液

量取1.00 mL磷酸盐标准贮备溶液至100 mL容量瓶中，加水至标线混匀，加2滴三氯甲烷，此溶液浓度为0.08 μmol/mL，有效期1 d。

二、仪器及用品

（1）分光光度计1台；

（2）量筒：50 mL、100 mL各1支；

（3）量瓶：100 mL 7支；

（4）吸耳球：2个；

（5）刻度吸管：5 mL 3支、1 mL 1支；

（6）消煮瓶：50 mL 12个，带螺旋盖的聚四氟乙烯瓶或聚丙烯瓶；

（7）以用手提式蒸汽灭菌器或家用压力锅，压力可达到1.1~1.4 kPa，温度可达120~124℃；

（8）一般实验室常备仪器和设备。

三、分析步骤

1. 绘制标线曲线

（1）取磷酸盐标准使用溶液0、0.25 mL、0.50 mL、1.00 mL、2.00 mL、4.00 mL于50 mL消煮瓶中（取双样），加水至50 mL标线，混匀。

（2）各加入5 mL过硫酸钾溶液，混匀，旋紧瓶盖。

（3）把上述消煮瓶置于不锈钢丝筐中，放入高压蒸汽消煮器中加热消煮，待压力升至1.1 kPa（温度为120~124℃时，控制压力在1.1~1.4 kPa）保持30 min，然后，停止加热，自然冷却至压力为"0"时，方可打开锅盖，取出消煮瓶。

（4）消煮后的水样冷却至室温后，加入1 mL抗坏血酸溶液，摇匀，加入4 mL硫酸－钼酸铵－酒石酸氧锑钾混合溶液和1 mL抗坏血酸溶液混匀，显色10 min后，在分光光度计上，用5 cm比色池，以蒸馏水作参比，于882 nm波长处测定溶液的吸光值（A_i），其中，空白吸光值为（A_0）。

（5）以扣除空白吸光值 A_0 后的吸光值为纵坐标，标准溶液系列的浓度（$\mu mol/L$）为横坐标，绘制标准工作线，并用线性回归法求出标准工作曲线的截距（a）和斜率（b）。

2. 水样测定

量取 50 mL 水样（取双样）于消煮瓶中，按步骤 1（1）～（5）测定水样吸光值 A_w，记录于总磷测定记录表中。

3. 浑浊度测定

如果水样的浊度对吸光值有影响，应进行浊度校正，取 50 mL 水样（取双样），按步骤 1（2）～（5），于相同的波长下测定水样浑浊度吸光值 A_t。

【计算】

将测得数据记录于附表中，按下式计算 A_n。

$$A_n = \overline{A_w} - A_0 - A_t$$

由 A_n 值查工作曲线或按下式计算水样中活性磷酸盐的浓度。

$$C（TP-P）= \frac{A_n - a}{b}$$

式中：

$C（TP-P）$——水样中总磷的浓度，单位为 $\mu mol/L$；

A_n——水样中活性磷酸盐的吸光值；

a——标准曲线中的截距；

b——标准曲线中的斜率。

【注意事项】

（1）实验所用的器皿用 10% 盐酸溶液浸泡 24 h 后，再用水冲洗干净。

（2）使用高压灭菌锅，要先将锅内的空气排出后再关闭排气阀。

【思考题】

样品为什么要放入高压蒸汽消煮器中加热消煮？

【附表】

附表 1　总磷标准曲线记录表　　　　　　　　　　年　月　日

比色管编号	1	2	3	4	5	6	7	8	9	10	11	12
使用液体积 V（mL）	0	0	0.25	0.25	0.5	0.5	1.00	1.00	2.00	2.00	4.00	4.00
稀释后体积（mL）	50	50	50	50	50	50	50	50	50	50	50	50

比色管编号	1	2	3	4	5	6	7	8	9	10	11	12
色阶浓度（μmol/L）												
吸光值												
平均吸光值 $(A_i - A_0)$												
使用液浓度 C	0.08 μmol/L						显色时间					
色阶浓度计算	$\mu mol/L = \dfrac{C \cdot V}{50} \times 1\,000$											

附表 2　总磷测定记录表　　　　　　　　　　年　月　日

序号	站号	采样时间	水样深度	瓶号	$\overline{A}_w$	A_n	C（μmol/L）

标准曲线斜率：b　　　　　　　　试剂空白：A_0

标准曲线截距：a　　　　　　　　浑浊度：A_t

250

实验八　活性硅酸盐测定（硅钼黄法）

【实验目的】

了解水环境中活性硅酸盐的含量及其变化规律，掌握硅钼黄法测定活性硅酸盐的原理及操作方法。

【方法原理】

水样中的活性硅酸盐与钼酸铵硫酸混合试剂在酸性条件下生成黄色杂多酸，于 380 nm 波长处进行光度测定。

检查下限：含硅 0.10 mg/L。

【测定方法】

一、试剂及其配制

1. 无硅蒸馏水或海水可用下述方法制备

将氧化铝（Al_2O_3）在 450℃ 灼烧 30 min，然后置于 2~3 号砂心漏斗上，让蒸馏水或低硅海水流过即可，氧化铝失效后可灼烧再生。

2. 钼酸铵溶液

称取 20.000 0 g 钼酸铵［$(NH_4)_6Mo_7O_{24} \cdot 4H_2O$］溶于 200 mL 无硅水中；如浑浊应过滤，贮于聚乙烯瓶中。

3. 硫酸

在搅拌下，将 50 mL 浓硫酸（H_2SO_4）缓慢加入于 200 mL 无硅水中。

4. 混合试剂

100 mL 硫酸与 200 mL 钼酸铵溶液混匀，贮于聚乙烯瓶中，有效期 1 周。

5. 人工海水

1）盐度

称取 25.000 0 g 氯化钠（NaCl）和 8.000 0 g 硫酸镁（$MgSO_4 \cdot 7H_2O$），溶于无硅水，稀释至 1 L，此溶液盐度为 28。

2）盐度

称取 31.000 0 g 氯化钠（NaCl）和 10.000 0 g 硫酸镁（$MgSO_4 \cdot 7H_2O$），溶于无硅水，稀释至 1 L，此溶液盐度为 35。其他盐度的人工海水可按上述比例配制，盛于聚乙烯瓶中。

6. 硅酸盐标准贮备溶液

称取 0.641 8 g 二氧化硅（SiO_2 先经 120℃ 烘干 1 h，冷却）加 4.000 0 g 无水碳酸钠，混匀，盛于铂坩埚中，在 960~1 000℃ 融熔 1 h，冷却后，用热无硅水溶解，稀释至 1 000 mL，此溶液 1 mL 含硅 300.0 μg，盛于聚乙烯瓶中，有效期 1 年。

7. 硅酸盐标准使用溶液

在 100 mL 量瓶中加入 10 mL 人工海水，加 5 滴硫酸酸化，然后移入 5.00 mL 硅酸盐标准贮备溶液，用无硅水稀释至标线，此溶液 1 mL 含硅 15.0 μg，盛于聚乙烯瓶中，有效期 1 天。

8. 草酸溶液

称取 10.000 0 g 优质纯草酸溶于水，稀释至 100 mL，过滤贮于试剂瓶中。

二、仪器及用品

（1）分光光度计 1 台；
（2）铂坩埚 1 个；
（3）具塞比色管：50 mL 12 支；
（4）量瓶：100 mL 3 个、200 mL 1 个、500 mL 2 个、1 000 mL 2 个；
（5）烧杯：100 mL 3 个、200 mL 1 个、500 mL 2 个、1 000 mL 2 个；
（6）量筒：50 mL 1 个、100 mL 1 个、500 mL 1 个；
（7）刻度移液管：2 mL 1 支、3 mL 1 支、10 mL 1 支；
（8）聚乙烯瓶：100 mL 3 个、200 mL 1 个、500 mL 1 个、1 000 mL 2 个；
（9）试剂瓶：500 mL 1 个；
（10）聚乙烯桶：5~20 L；
（11）水样瓶：1 500 mL 聚乙烯瓶，初次使用前用海水浸泡数天；
（12）一般实验室常备仪器和设备。

三、测定步骤

1. 制订标线曲线

（1）在 50 mL 具塞比色管中，分别移入硅酸盐标准使用溶液 0、1.00 mL、2.00 mL、4.00 mL、6.00 mL、8.00 mL（取双样），用与水样盐度相近的人工海水稀释至标线，混匀。

（2）分别加入 3 mL 混合试剂，混匀，5 min 后，加 2 mL 草酸溶液，混匀，15 min 后，颜色达到稳定。

252

（3）颜色稳定后在分光光度计上于 380 nm 波长处，2 cm 测定池，无硅水为参照，测定各溶液的吸光值 A_i，空白吸光值为 A_0。

（4）以吸光值（$A_i - A_0$）为纵坐标，标准溶液系列浓度（μg/L）为横坐标作图得标准曲线。

2. 水样测定

量取 50.0 mL 水样于具塞比色管中（取双样），按步骤 1 中（2）～（3）步骤测定水样吸光值 A_w。

【记录与计算】

将测得数据记录于附表中，按下式计算 A_n。

$$A_n = \overline{A_w} - A_0$$

由 A_n 值查工作曲线或按下式计算水样中活性硅酸盐的浓度。

$$C（Si） = \frac{An - a}{b}$$

式中：$C（Si）$——水样中活性硅酸盐的浓度，单位为 μg/L；

A_n——水样中活性硅酸盐的吸光值；

a——标准曲线中的截距；

b——标准曲线中的斜率。

【注意事项】

（1）工作曲线在水样测定时制定，工作期间每天加测一次标准溶液以检查工作曲线，曲线延用的时间最多为 1 周。

（2）温度对反应速度影响较大，整个实验操作的温度变化范围应控制在 ±5℃ 以内。

（3）当试液中加混合液后，一般 60 min 内颜色稳定，应及时完成测定，否则，结果偏低。

（4）器皿和测定池要及时清洗，必要时可用等体积硝酸与硫酸的混合液或铬酸洗液短时浸泡，洗净。

（5）此方法的显色受酸度及钼酸铵浓度影响，因此要注意测定条件尽量一致。

（6）如果用蒸馏水配制标准色阶，则测定结果应乘以盐度校正系数。

【思考题】

（1）加入草酸的目的？

（2）水样能否用玻璃瓶贮存？

【附表】

比色管编号	1	2	3	4	5	6	7	8	9	10	11	12
使用液体积 V （mL）	0	0	1.00	1.00	2.00	2.00	4.00	4.00	6.00	6.00	8.00	8.00
稀释后体积	50	50	50	50	50	50	50	50	50	50	50	50
色阶浓度（μg/L）												
吸光值												
平均吸光值												
$(A_i - A_o)$												
使用液浓度 C	15 μg/mL						显色时间					
色阶浓度计算	$\mu g/L = \dfrac{C \cdot V}{50} \times 1\,000$											

（大连水产学院主编，1986）。

附表 2　蒸馏水配制标准色阶测定硅酸盐时盐度校正系数

盐度	校正系数	盐度	校正系数
0	1.00	20	1.39
2	1.04	22	1.42
4	1.08	24	1.47
6	1.13	26	1.50
8	1.16	28	1.53
10	1.20	30	1.56
12	1.24	32	1.61
14	1.28	34	1.64
16	1.32	36	1.69
18	1.35	38	1.73

附表 3　活性硅酸盐测定记录表　　　　　　　　　年　月　日

序号	站号	采样时间	水样深度	瓶号	$\overline{A}_w$	A_n	C（μg/L）

标准曲线斜率：b　　　　　　　　　　试剂空白：A_0

标准曲线截距：a

实验九 化学耗氧量测定（碱性高锰酸钾法）

【实验目的】

了解水环境中化学耗氧量的含量及其变化规律，掌握碱性高锰酸钾法测定化学需氧量的原理及操作方法。

【方法原理】

在碱性加热条件下，用已知量并且是过量的高锰酸钾，氧化海水中的需氧物质。然后在酸性条件下，用碘化钾还原剩余的高锰酸钾和二氧化锰，所生成的游离碘用硫代硫酸钠标准溶液滴定。

本法适用于大洋和近岸海水及河口水化学需氧量的测定。检出限：0.15 mg/L。

【测定方法】

一、试剂及其配制

1. 氢氧化钠溶液

称取 25.000 0 g 氢氧化钠（NaOH），溶于 100 mL 水中，盛于聚乙烯瓶中。

2. 硫酸溶液

在不断搅拌下，将 25 mL 浓硫酸（H_2SO_4）慢慢加入 75 mL 水中，趁热滴加高锰酸钾溶液，至溶液略呈微红色不褪为止，盛于试剂瓶中。

3. 碘酸钾标准溶液

称取 0.356 7 g 碘酸钾（KIO_3）优级纯，预先在 120℃烘 2 h，置于干燥器中冷却，溶于水中，移入 1 L 棕色容量瓶中，稀释至标线，混匀，置于阴暗处，即得 0.010 0 mol/L 碘酸钾标准溶液。

4. 硫代硫酸钠标准溶液

称取 2.500 0 g 硫代硫酸钠（$Na_2S_2O_3 \cdot 5H_2O$），用刚煮沸冷却的水溶解，加入约 0.200 0 g 碳酸钠，移入棕色试剂瓶中，稀释至 1 L，混匀，置于阴凉处，此溶液浓度为 0.010 0 mol/L。

5. 高锰酸钾溶液

称取 0.320 0 g 高锰酸钾（$KMnO_4$），溶于 100 mL 水中，加热煮沸 10 min，冷却，移入棕色试剂瓶中，稀释至 1 L，混匀，放置 7 d 左右，用玻璃砂芯漏斗过滤，此溶液浓度为 0.010 0 mol/L。

6. 淀粉－丙三醇（甘油）指示剂

称取 3.000 0 g 可溶性淀粉 [$C_3H_5(OH)_3$]，用少量水搅成糊状，加入 100 mL 甘油，混匀加热至 190℃，冷却后盛于试剂瓶中。

7. 碘化钾

二、仪器及用品

（1）滴定管：25 mL 1 支；

（2）刻度移液管：1 mL 2 支、5 mL 1 支、10 mL 2 支；

（3）碘量瓶：250 mL 2 个；

（4）锥形瓶：250 mL 4 个；

（5）试剂瓶：100 mL、1 000 mL 各 3 个；

（6）量瓶：100 mL、1 000 mL 各 3 个；

（7）滴瓶：1 个；

（8）玻璃砂芯漏斗：G_4 1 个；

（9）定时钟或秒表：1 台；

（10）吸耳球：1 个；

（11）电热板：3 000 W 2 台；

（12）玻璃珠若干粒；

（13）量筒：50 mL、100 mL 各 1 支、

（14）一般实验室常备仪器和设备。

三、分析步骤

1. 硫代硫酸钠浓度的标定

取 10.00 mL 碘酸钾标准溶液，沿壁流入碘量瓶中，用少量水冲洗瓶壁，加入 0.500 0 g 碘化钾，沿壁注入 1.0 mL 硫酸溶液，塞好瓶塞，轻荡混匀，加少许水封口，在暗处放置 2 min，轻轻旋开瓶塞，沿壁加入 50 mL 水，在不断振摇下，用硫代硫酸钠溶液滴定至溶液呈淡黄色，加入 3~4 滴淀粉溶液，继续滴定至溶液蓝色刚褪去为止。

重复标定至 2 次滴定管读数相差不超过 0.04 mL 为止，将滴定管读数记入化学需氧量测定记录表，要求每隔 24 h 标定一次。

2. 水样测定

（1）量取 100 mL 水样（平行两份）于 250 mL 锥形瓶中，加入几粒玻璃珠，用移液

管加入 1 mL NaOH 溶液，摇匀，接着用移液管移入 10.00 mL 高锰酸钾溶液，摇匀。

（2）将锥形瓶置于覆盖有石棉网的电炉上加热，煮沸 10 min（从第 1 个气泡冒出时开始计时），此时溶液为红色，若红色消失则说明水样中有机物含量过多，应重新稀释或增加高锰酸钾溶液。

（3）取下锥形瓶，冷却至室温，用移液管迅速加入 5 mL 硫酸和 0.400 0 g 碘化钾，在暗处摇匀，并放置 5 min，待反应剩余的高锰酸钾颜色褪尽。在不断振摇下，用硫代硫酸钠标准溶液滴定至淡黄色，加入 3～4 滴淀粉溶液，此时溶液为紫黑色。继续滴定至溶液由紫变蓝，最后至无色，记录读数，2 次滴定读数相差小于 0.04 mL，取其平均值记为 $\overline{V_1}$。

3. 空白滴定

用蒸馏水代替水样重复上述水样测定的 3 个步骤，并记下滴定所用的的体积，取其平均值记为 $\overline{V_2}$。

【记录与计算】

（1）硫代硫酸钠标准溶液浓度计算：

$$C_{\mathrm{Na_2S_2O_3}} = \frac{10.00 \times 0.010\ 0}{V_{\mathrm{Na_2S_2O_3}}}$$

式中：$C_{\mathrm{Na_2S_2O_3}}$——硫代硫酸钠标准溶液浓度，单位为 mol/L；

$V_{\mathrm{Na_2S_2O_3}}$——硫代硫酸钠标准溶液体积，单位为 mL。

（2）化学耗氧量浓度计算

$$COD\ (\mathrm{mg/L}) = \frac{C_{\mathrm{Na_2S_2O_3}}\ (\overline{V_2} - \overline{V_1})\ \times 8.0}{V} \times 1\ 000$$

式中：$C_{\mathrm{Na_2S_2O_3}}$——硫代硫酸钠的浓度，单位为 mol/L；

$\overline{V_2}$——空白滴定时消耗硫代硫酸钠溶液的体积，单位为 mL；

$\overline{V_1}$——水样滴定时消耗硫代硫酸钠溶液的体积，单位为 mL；

V——测定用的水样体积，单位为 mL；

COD——水样的化学需氧量，单位为 mg/L。

【注意事项】

（1）水样加热完毕，应冷却至室温，再加入硫酸和碘化钾，否则游离碘挥发而造成误差。

（2）化学需氧量的测定是在一定反应条件下试验的结果，是一个相对值，所以测定时应严格控制条件，如试剂的用量，次序，加热时间，加热温度的高低，加热前溶液的总体积等都必须保持一致。

（3）用于制备碘酸钾标准溶液的纯水和瓶子须经煮沸处理，否则碘酸钾溶液易分解。

【思考题】

水样为什么要加热？不加热结果会怎样？

【附表】

附表 1　化学需氧量测定记录表　　　　　　年　月　日

序号	站号	采样时间	采样深度	瓶号	$\overline{V}_2$	$\overline{V}_1$	COD（mg/L）

硫代硫酸钠溶液标定

硫代硫酸钠 V_1 ——　　　　　　标定日期 _____

硫代硫酸钠 V_2 ——　　　　　　有效使用期 _____

258

实验十 余氯的检测方法
（联邻甲苯胺比色法）

【实验目的】

了解水环境中余氯的来源及其变化规律，掌握联邻甲苯胺比色法测定余氯的原理及操作方法。

【方法原理】

联邻甲苯胺在酸性溶液中被氯、氯胺以及其他氧化剂氧化产生黄色化合物，该化合物在 pH 值低于 1.8 时，其颜色与氯含量的关系符合比尔定律。

测定范围为 0.01 ~ 10 mg/L。

【测定方法】

一、试剂及其配制

1. 盐酸溶液

取 150 mL 浓盐酸与 350 mL 蒸馏水混合。

2. 联邻甲苯胺溶液

称取 1.350 0 g 二盐酸联邻甲苯胺 [$(C_6H_5CH_3NH_2)_2 \cdot 2HCl$] 溶于 500 mL 纯水中，在不停搅拌下将此溶液加到盐酸溶液中，盛于棕色瓶内。在室温下保存，可使用 6 个月。

3. 磷酸盐缓冲贮备溶液

分别称取经 105℃ 烘干 2 h 并冷却后的 22.860 0 g 无水磷酸氢二钠（Na_2HPO_4）和 46.140 0 g 无水磷酸二氢钾（KH_2PO_4），同溶于纯水中，并稀释至 1 L。静置 4 d 使其中杂质沉淀，过滤。

4. 磷酸盐缓冲溶液

吸取 200.0 mL 磷酸盐贮备液，加纯水至 1 L。此溶液的 pH 值为 6.45。

5. 重铬酸钾 - 铬酸钾溶液

称取干燥的 0.155 0 g 重铬酸钾（$K_2Cr_2O_7$）和 0.465 0 g 铬酸钾溶于磷酸盐缓冲溶液

中，并稀释至 1 L。此溶液的颜色相当于 1 mg/L 余氯与联邻甲苯胺所产生的颜色。

6. 永久性余氯标准比色管的配制

按附表 1 所列数量，吸取重铬酸钾－铬酸钾溶液分别注入 50 mL 具塞比色管中，用磷酸盐缓冲溶液稀释至 50 mL 刻度。避免日光照射，可保存 6 个月。若水样中的余氯大于 1 mg/L，则需将重铬酸钾和铬酸钾的用量各增加 10 倍，配制成相当于 10 mg/L 的颜色，再按附表 1 所列数量配制成较浓余氯标准色列。

二、仪器及用品

（1）具塞比色管：50 mL 12 支；
（2）恒温水浴：1 台；
（3）刻度移液管：5 mL 1 支。

三、分析步骤

1. 样品的测定

（1）取 50 mL 具塞比色管，先加入 2.5 mL 联邻甲苯胺溶液，再加入澄清后的水样 50 mL，混合均匀。水样温度低于 15℃时，应先在恒温水浴中使温度提高至 15～20℃。

（2）水样与联邻甲苯胺混合均匀后，如立即比色，所得结果为游离性余氯；在暗处放置 10 min，使产生最高色度再进行比色，所得结果为总余氯。总余氯减去游离性余氯等于化合性余氯。

（3）若余氯浓度很高，会产生橘黄色。若水样碱度过高而余氯浓度较低时，将产生淡绿色或淡蓝色。此时可多加 1 mL 联邻甲苯胺，即可产生正常的淡黄色。

2. 空白值的测定

如水样浑浊或色度较高，应测定（不加联邻甲苯胺水样）空白值。

【分析结果】

余氯（mg/L）＝样品测定读数－空白测定读数

【注意事项】

（1）永久性余氯标准比色管长期保存，须严密封口并避免日光直接照射。
（2）余氯在水中很不稳定，现场采样后应立即测定。

【思考题】

余氯的主要来源有哪些？

【附表】

附表1 永久性余氯标准比色管配制表

余氯（mg/L）	重铬酸钾－铬酸钾溶液用量（mL）	余氯（mg/L）	重铬酸钾－铬酸钾溶液用量（mL）	余氯（mg/L）	重铬酸钾－铬酸钾溶液用量（mL）
0.01	0.5	0.20	10.0	0.60	30.0
0.03	1.5	0.30	15.0	0.70	35.0
0.05	2.5	0.40	20.0	0.90	45.0
0.10	5.0	0.50	25.0	1.00	50.0

附表2 余氯测定记录表 年 月 日

序号	站号	采样时间	水样深度	瓶号	游离性余氯（mg/L）	总余氯（mg/L）	空白	化合性余氯（mg/L）

实验十一　水质综合评价

【实验目的】

掌握渔业水域的水化学环境评价标准及评价方法，进一步巩固所学知识；培养学生的团队意识、思考问题和解决问题的能力；锻炼学生的写作技能。

【仪器设备、药品试剂】

根据学生的实验方案提供。

【实验步骤】

（1）选定评价水域。
（2）查阅相关文献。
（3）设计实验方案。
（4）实验方案评审。
（5）实验方案实施。
（6）渔业水域评价。
（7）撰写研究论文。

【实验要求】

（1）学生可自由组合，2 位同学一组。
（2）时间自行安排，要求 3 周内完成。
（3）实验完成后，每人提交一篇研究论文。
（4）注意实验安全。

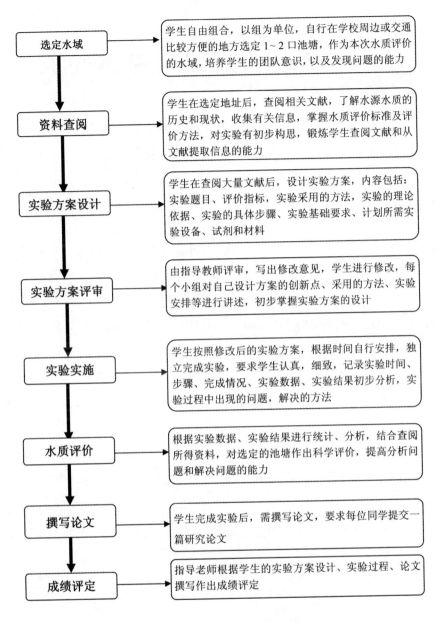

| 选定水域 | → | 学生自由组合，以组为单位，自行在学校周边或交通比较方便的地方选定1~2口池塘，作为本次水质评价的水域，培养学生的团队意识，以及发现问题的能力 |

| 资料查阅 | → | 学生在选定地址后，查阅相关文献，了解水源水质的历史和现状，收集有关信息，掌握水质评价标准及评价方法，对实验有初步构思，锻炼学生查阅文献和从文献提取信息的能力 |

| 实验方案设计 | → | 学生在查阅大量文献后，设计实验方案，内容包括：实验题目、评价指标，实验采用的方法，实验的理论依据、实验的具体步骤、实验基础要求、计划所需实验设备、试剂和材料 |

| 实验方案评审 | → | 由指导教师评审，写出修改意见，学生进行修改，每个小组对自己设计方案的创新点、采用的方法、实验安排等进行讲述，初步掌握实验方案的设计 |

| 实验实施 | → | 学生按照修改后的实验方案，根据时间自行安排，独立完成实验，要求学生认真，细致，记录实验时间、步骤、完成情况、实验数据、实验结果初步分析，实验过程中出现的问题，解决的方法 |

| 水质评价 | → | 根据实验数据、实验结果进行统计、分析，结合查阅所得资料，对选定的池塘作出科学评价，提高分析问题和解决问题的能力 |

| 撰写论文 | → | 学生完成实验后，需撰写论文，要求每位同学提交一篇研究论文 |

| 成绩评定 | → | 指导老师根据学生的实验方案设计、实验过程、论文撰写作出成绩评定 |

图1　水质综合评价流程图

附录　　渔业水质监测基本知识

从事渔业生产和科学研究要经常对渔业水域的水环境化学进行调查与监测，任何调查和监测都是用极少数的水样代表所调查水域的整体状况。因此，渔业水域水质调查和监测的首要任务是获得有代表性的水样。

【监测项目】

监测项目是根据水质调查和监测目的来确定。水质调查可分为：全面性调查、生产管理的经常性调查、科学研究性调查及诉讼性调查。

1. 全面性调查

全面性常规调查项目包括：溶解氧、pH 值、化学需氧量、无机三氮、总磷、可溶性磷、总铁、硅酸盐和8个主要离子（Cl^-、SO_4^{2-}、HCO_3^-、CO_3^{2-}、Ca^{2+}、Mg^{2+}、K^+、N^+）等。

2. 生产管理的经常性调查

生产管理中的集约化养殖生产调查项目包括：溶解氧、pH 值、氨态氮、亚硝酸氮、化学需氧量。

3. 科学研究性调查

科学研究性调查项目根据研究课题需要确定。

4. 诉讼性调查

诉讼性调查是指养殖水体受到污染，引起生产损失，为取得充分的证据，而及时进行的水质调查。

【采样点】

采样点的布设是根据调查监测目的、水资源的利用情况及污水与天然水体的混合情况等因素选定，原则是用最小的工作量取得最有代表性的数据。

海域调查一般采用网格式布站，池塘通常在池的四角离岸 3 m 处和池中心设点采样。

渔业水域不同水深采样要求

水深	采样点数
≤5 m	1 点：距水面0.5 m，即表层
5～10 m	2 点：距水面0.5 m，底以上0.5 m，即表层和底层
≥10 m	3 点：距水面0.5 m，1/2 水深，底以上0.5 m，即表层、中层和底层

说明：水深不足1 m，在1/2水深处采样。

264

【采样层次】

渔业水域水质调查，采样站位都在沿岸海域或养殖池塘，深度不会太大，受大陆径流和潮汐影响较大，因此采集深度间隔应小，一般 5 m 左右。

【采样时间和次数】

由水环境条件和调查目的确定，如：了解渔业水域的溶解氧日较差，必须早晚定点采样；了解营养盐变化情况，必须每日定时定点采样；了解各组分的周年变化，必须分季度或每月定时采样；集约化养殖生产则要求每天定时进行监测。

【采样工具】

采样工具要求能准确取得所需水层的水样，其制作材质属化学惰性，且密封性能好。渔业养殖常用的采样工具包括如下。

（1）采水瓶：又叫有机玻璃采水瓶，适用 10 m 以内水深。

（2）采水器：又分手工采水器、自动水质采水器、无电源自动水质采水器，适用 10 m 以下水深。

【样品采集前注意事项】

（1）必须确定采样的目的要求。

（2）确定采样的时间、地点、深度和采样量。

（3）根据测定项目以及水样中各组分变化能力，采取相应的处理措施。

（4）配制好所需试剂，对样品盛器进行洗涤，采样瓶编好号，置于阴凉处。

（5）列出采样所需的用具清单，并对照准备好各种用具，记录表和易损物品的备份要充足。

（6）制订采集规程，装样前，用现场海水冲洗水样瓶 2 ~ 3 次。

（7）样品注入样品瓶后，需要填写采样记录表和采样标签，标签应牢固贴于水样瓶外壁。

采样现场数据记录表

采样人：　　　　　　　　　　　　　　　　　　　　　　　现场数据记录人：

采样日期	采样地点	采样深度	样品编号	开始时间	结束时间	水温	气温	固定液	盐度	其他

【水样贮存】

分析水样时，若不能立即分析完毕，必须进行样品的贮存，要求如下。

常见样品保存技术表

待测项目	容器类别	保存方法	可保存时间
酸度及碱度	聚乙烯或玻璃	2~5℃	24 h
电导	聚乙烯或玻璃	2~5℃	24 h
色度	聚乙烯或玻璃	2~5℃，暗处	24 h
悬浮物及沉淀物	聚乙烯或玻璃		24 h
浊度	聚乙烯或玻璃		尽快
余氯	聚乙烯或玻璃		
溶解氧	溶解氧瓶	现场固定并存在暗处	几小时
油脂、油类、碳氢化合物、石油及衍生物	分析时使用的溶剂冲洗容器	现场萃取冷冻至 -20℃	数月
硫化物		现场固定	24 h
COD	玻璃	2~5℃暗处冷藏	尽快
BOD	玻璃	2~5℃暗处冷藏	尽快
氨氮	聚乙烯或玻璃	硫酸酸化 pH 值<2，并在2~5℃冷藏	尽快
硝酸盐氮	聚乙烯或玻璃	硫酸酸化 pH 值<2，并在2~5℃冷藏	24 h
亚硝酸盐氮	聚乙烯或玻璃	2~5℃暗处冷藏	尽快
有机碳	玻璃	硫酸酸化 pH 值<2，并在2~5℃冷藏	24 h
有机氯农药	玻璃	在2~5℃冷藏	
有机磷农药		在2~5℃冷藏	24 h
洗涤剂		加入1%的甲醛，2~5℃冷藏，水样要充满容器	尽快
总硬度		过滤后酸化至 pH 值<2	数月
正磷酸盐	棕色玻璃	在2~5℃冷藏	数月
总磷	棕色玻璃	硫酸酸化 pH 值<2	2 周
硅酸盐		过滤且用硫酸酸化 pH 值<2，并在2~5℃冷藏	24 h
硫酸盐	聚乙烯或玻璃	在2~5℃冷藏	1 周
亚硫酸盐	聚乙烯或玻璃	每100 mL 加1 mL 25% EDTA 溶液	1 周

备注：1. 三大营养盐可合并取样，加入0.2%的三氯甲烷保存24 h。

2.《水质监测分析方法标准》（喻林，2002）。

（1）冷藏：温度一般在2~5℃。注意：冷藏不能长期保存水样。

（2）冷冻：温度在 -20℃，抑制微生物活动，减缓物理挥发和化学反应速率，可延长保存期限。

（3）加入保护剂：加入保护剂原则上不能干扰其他项目的测定，不影响待测物浓度，如加入的保护剂是液体，则更要记录体积的变化，且做空白实验。

【实验室常用术语】

（1）实验室样品：送实验室进行分析测试的样品。

（2）原始样品：现场采集的样品。

（3）分析样品：需要经过前处理才能进入测定的样品，包括消解、富集、萃取。

（4）测定样品：经前处理后的待测样。

（5）测定项：调查监测的各项目。

（6）标准空白：标准系列中的零浓度。

（7）分析空白：在与样品全程一致的分析条件下，对已知为零浓度空白样品的测定结果。

（8）工作曲线：标准系列的测定步骤与样品步骤完全相同。

（9）标准曲线：标准系列测定步骤较样品测定步骤简化。

（10）测定下限：指概率为 0.95 时，能定量给出被测物的最低浓度或量。

【实验室玻璃器皿的洗涤】

1. 去污粉

（1）直接洗刷：用毛刷沾些去污粉直接洗刷。

（2）加热：用 1% 洗衣粉煮沸，冷却洗擦。

2. 强酸性洗液

（1）配方：50 g 工业重铬酸钾，溶于 100 mL 热水，冷却后，在不断搅拌下，徐徐加入浓硫酸至 1 L。

（2）用法：取少量洗液于玻璃器皿中，浸泡后回收洗液，用清水冲洗；或在洗液中直接浸泡，取出清洗。

3. 强碱性洗液

（1）配方：50 g 氢氧化钠于 100 mL 蒸馏水中溶解，加入 20 g 高锰酸钾，用蒸馏水稀释至 1 L。

（2）用法：取少量洗液于玻璃器皿中，浸泡后回收洗液，用清水冲洗；或在洗液中直接浸泡，取出清洗。

常见的易燃易爆混合物

混合物	作用方式	危险性
硝酸＋有机物	混合	燃烧
过氧化钠＋有机物	摩擦	燃烧
金属钠、钾＋水	混合	着火、爆炸
高氯酸＋有机物	混合	爆炸

混合物	作用方式	危险性
硝酸钾 + 醋酸钠	混合	爆炸
硝酸铵 + 锌粉 + 少量水	混合	爆炸
氧化汞 + 硫	混合	爆炸
丙酮 + 过氧化氢	混合	爆炸
高锰酸钾 + 乙醇、乙醚、汽油等	浓硫酸	爆炸
液态空气 + 有机物	混合	爆炸
锌粉 + 湿空气、水、酸	火花、火焰	爆炸
铅粉 + 过氧化物、氯酸盐、硝酸盐	混合	爆炸
白磷 + 氧化剂、硫、强酸	混合	爆炸
红磷 + 氯酸盐、二氧化铝等	混合加热	爆炸
硫 + 氯酸盐、二氧化铝等	捶击、加热	爆炸
氯 + 氢、甲烷、己炔等	阳光、或人为光线照射	爆炸
氨 + 氧化剂	捶击	爆炸

《海洋监测质量保证手册》编委会，2000。

地面水环境质量标准

单位：mg/L

标准值 \\ 分类 \\ 参数		I 类	II 类	III 类	IV 类	V 类
基本要求		所有水体不应有非自然原因导致的下述物质： a. 能形成令人感观不快的沉淀物的物质； b. 令人感官不快的漂浮物，诸如碎片、浮渣、油类等； c. 产生令人不快的色、臭、味或浑浊度的物质； d. 对人类、动植物有毒、有害或带来不良生理反应的物质； e. 易滋生令人不快的水生生物的物质				
水温（℃）		人为造成的环境水温变化应限制在： 周平均最大温升≤1； 周平均最大温降≤2				
pH 值		6.5～8.5				6～9
硫酸盐（以 SO_4^{2-} 计）	≤	250 以下	250	250	250	250
氯化物（以 Cl^- 计）	≤	250 以下	250	250	250	250
溶解性铁	≤	0.3 以下	0.3	0.5	0.5	1.0
总锰	≤	0.1 以下	0.1	0.1	0.5	1.0
总铜	≤	0.01 以下	1.0（渔 0.01）	1.0（渔 0.01）	1.0	1.0

参数 \ 标准值 \ 分类		Ⅰ类	Ⅱ类	Ⅲ类	Ⅳ类	Ⅴ类
总锌	≤	0.05	1.0（渔0.1）	1.0（渔0.1）	2.0	2.0
硝酸盐（以N计）	≤	10 以下	10	20	20	25
亚硝酸盐（以N计）	≤	0.06	0.1	0.15	1.0	1.0
非离子氨	≤	0.02	0.02	0.02	0.2	0.2
凯氏氮	≤	0.5	0.5（渔0.05）	1（渔0.05）	2	3
总磷（以P计）	≤	0.02	0.1	0.1	0.2	0.2
高锰酸盐指数	≤	2	4	8	10	15
溶解氧	≥	饱和率90%	6	5	3	2
化学需氧量（COD_{Cr}）	≤	15 以下	15	20	30	40
生化需氧量（BOD_5）	≤	3 以下	3	4	6	10
氟化物（以F^-计）	≤	1.0 以下	1.0	1.0	1.5	1.5
硒（四价）	≤	0.01 以下	0.01	0.01	0.02	0.02
总砷	≤	0.05	0.05	0.05	0.1	0.1
总汞	≤	0.000 05	0.000 05	0.000 1	0.001	0.001
总镉	≤	0.001	0.005	0.005	0.005	0.01
铬（六价）	≤	0.01	0.05	0.05	0.05	0.1
总铅	≤	0.01	0.05	0.05	0.05	0.1
总氰化物	≤	0.005	0.05（渔0.005）	0.2（渔0.005）	0.2	0.2
挥发酚	≤	0.002	0.002	0.005	0.01	0.1
石油类	≤	0.05	0.05	0.05	0.5	1.0
阴离子表面活性剂	≤	0.2 以下	0.2	0.2	0.3	0.3
粪大肠菌群（个/L）	≤	200	1 000	2 000	5 000	10 000
苯并（a）芘（μg/L）	≤			10 000		
氨氮	≤	0.5	0.5	0.5	1.0	1.5
硫化物	≤	0.05	0.1	0.2	0.5	1.0

资料来源：GB3838－88。

【参考文献】

陈佳荣. 1998. 水化学实验指导书. 中国农业出版社.

大连水产学院. 1986. 海水化学. 农业出版社.

雷衍之. 2006. 养殖水环境化学实验. 中国农业出版社.

姚运先 . 2005 . 水环境监测 . 化学工业出版社 .

喻林 . 2002 . 水质监测分析方法标准 . 中国环境科学出版社 .

中华人民共和国国家质量监督检验检疫总局, 中国国家标准化管理委员会 GB/T12763. 4 – 2007. 海洋调查
规范 . 海水化学要素调查 .